Sweet Brunch Start-up

브런치 창업의 지침서

달콤한 브런치 창업

황은경 · 김성연 · 우경아
이윤서 · 정정여 · 정희복

(주)백산출판사

저자**소개**

황은경

현) 경북전문대학교 호텔조리제빵과 교수
현) 경북농민사관학교 발효저장식품개발과정 책임교수
현) 한국사찰음식문화협회 운영위원장
현) 한국음식관광협회 경북지회장
현) 경북농식품유통혁신위원회 위원
경남대학교 경영학박사
대구한의대학교 이학박사
제29호 대한민국 조리명인(한국음식관광협회)
전) 경북농어업자유무역협정대책 특별위원
전) 제1, 2회 대한민국산채박람회 운영위원장
저서) 생활약선요리 외 6권
수상) 국회의장상(한국음식문화상품화) 수상 외 다수

이윤서

현) 복 짓는 농부 대표
현) 한식학당 연구소장
현) 경북농민사관학교 발효저장식품개발과정장
경북전문대학교 식품가공전문학사
경북대학교 식품영양학사
안동대학교 식품영양학과 박사과정
수상) 농림축산식품부장관상 수상 외 다수

김성연

현) 뷰티애플 대표
현) 한식학당 수석연구원
경북전문대학교 식품조리학사
경북대학교 과학기술원식품외식산업 석사
수상) 대한민국국제요리(제과)경연대회 대상

정정여

현) 고운채 대표
경북전문대학교 호텔조리제빵전문학사
표창) 우수지도자상(한국음식관광협회)
수상) 국회의장상(한식디저트) 외 다수

우경아

현) 농업회사법인 연두 대표이사
현) 보문정 · 참우촌 대표
현) 한국사찰음식문화협회 지부장
현) 향토음식 지도사
경북전문대학교 호텔제빵조리전문학사
전) 한식협회 위원
전) 경북향토음식연구회 사무국장
수상) 국회의장상(한국문화관광상품화) 외 다수

정희복

현) 경북전통음식체험교육관장
현) 농업회사법인 모심정 대표이사
현) 경북향토음식연구회 임원
현) 발효음식연구회 임원
현) 우리음식연구회 · 사찰음식연구회원
경북전문대학교 식품조리학사
경북대학교 과학기술원식품외식산업 석사
저서) 상 위에 오른 문경의 자연
표창) 대한민국을 이끄는 혁신리더(전통음식부분) 선정
수상) 전국여성식생활경연대상(국회의장상) 외 다수

식문화는 생활환경 변화에 따라 빠르게 변화하고 있습니다.

혼자 생활하는 사람이 급증하고 해외여행 증가와 함께 건강을 지향하는 식생활 풍조와 더불어 간편하고 다채로운 외식시장이 급성장하고 있습니다.

하루의 일정한 시간에 세 끼를 먹는다는 개념보다는 본인에게 허락되는 편리한 시간에 식사와 디저트를 겸하는 브런치 문화가 생기면서 카페형 브런치 판매장이 경쟁력 있는 외식시장을 넓혀가고 있습니다.

단순히 허기를 채우고 영양소를 충족시켜 에너지원을 공급하는 한 끼의 식사만이 아니라 감성을 유발하고 즐거움을 만끽하고자 하는 외식 유행에 맞추어 다양하고 조화로운 색채 활용과 전문적이면서 간단하고 독특한 조리기법 및 음식이 작품이 되는 공간까지 다양하고 차별화된 메뉴개발을 필요로 하고 있습니다.

본서는 학술적인 내용보다는 실제적인 메뉴에 접근했으며 오랜 시간 외식사업을 하면서 현장에서 경험한 수많은 숙련된 노하우를 바탕으로 대학에서 후학을 양성하면서 현시대가 요구하는 식문화 유행을 반영하여 집필하였기에 브런치 카페를 창업하고자 하는 분들께 도움이 될 것이라 믿습니다.

현재 전문 외식 경영인 및 전문 셰프로 활동 중인 제자들과 함께 본서를 출간하게 되어 개인적으로 참으로 의미 있고, 감사하며 영광스럽습니다. 작업에 많은 도움을 준 제자 김나경 양에게도 감사의 마음을 전합니다.

이 책을 내기까지 지원을 아끼지 않으신 진욱상 대표님과 오랜 세월 한결같은 마음으로 출간을 도와주시는 이경희 부장님께 진심을 담아 감사의 마음을 전합니다.

저자 대표

🍽 PART 1 이론편

PART 2 실기편

달콤한 브런치 창업

PART 1

이론편

달콤한
브런치
창업

1 브런치의 기원 및 특징

1. 브런치(Brunch)란

아침과 점심 사이에 먹는 식사를 말한다. 아침 식사를 뜻하는 브렉퍼스트(Breakfast)와 점심을 의미하는 런치(Lunch)의 합성어로, 아침 겸 점심을 뜻한다. 하루 중 첫 끼라 아침 식사처럼 손쉽게 만들 수 있는 가벼운 식단으로 구성하는 것이 일반적이다. 브런치를 제공하는 식당도 있으며 메뉴는 지역과 가게마다 다르다. 제공 시간은 대개 오전 11시부터 오후 3시 정도까지이다. 베이컨과 와플, 달걀 프라이는 아침 식사나 브런치로 즐겨 먹는 요리들이다.

2. 브런치의 기원

브런치의 기원은 명확하지 않으나 19세기 후반 영국에서 유래한 것으로 알려졌다. 일요일 교회에 가는 사람들이 예배 전에 금식하고 예배 후에 늦은 아침을 먹는 것에서 브런치가 시작되었다는 설이다. 혹은 달걀과 육류, 베이컨, 신선한 과일 등으로 구성된 영국의 사냥 시 아침 식사와 관련이 있는 것으로 보는 의견도 있다. 매체에서 브런치가 처음 언급된 것은 1895년 영국의 잡지 《헌터스 위클리(Hunter's Weekly)》에 실린 가이 베린저(Guy Beringer)의 "Brunch: A Plea"라는 기고문으로 알려졌다. 베린저는 이 글에서 일요일에는 느지막이 일어나 브런치를 먹자고 제안했다. 일요일 정오쯤 먹는 브런치가 토요일 밤에 실컷 마신 사람들의 삶을 편하게 할 거라는 이유에서이다. 그는 육류 위주의 무거운 식사 대신 차와 커피, 아침 식사 메뉴로 구성된 브런치를 즐기는 것이 사람들을 행복하게 만들 것이라고 설명했다.

영국에서 시작된 브런치 문화는 미국에서 더 발달했다. 1930년대 시카고에서는 대륙횡단 열차 환승을 기다리던 할리우드 스타들이 호텔에서 늦은 아침을 먹는 경우가 많았다. 일요일에는 레스토랑 대부분이 문을 열지 않아 호텔에서 브런치를 먹기 시작한 것이다. 이후 브런치 문화는 미국에서 대중적으로 자리 잡았다. 브런치라는 말을 20세기 초 뉴욕의 신문 〈더 선 (The Sun)〉의 기자였던 프랭크 오 말리(Frank Ward O'Malley)가 낮에 아침을 먹는 당시 기자들의 식사 문화를 일컫는 표현으로 사용해 알려진 것으로 보는 견해도 있다.

3. 브런치의 특징

일어나서 먹는 첫 식사인 만큼 가볍게 먹는 경우가 많다. 아침 식사와 마찬가지로 간단하고 쉽게 만들 수 있는 요리를 주로 먹는다. 반대로 아침 식사보다 준비 시간이 넉넉하므로 일부러 손이 많이 가는 디저트류를 만들어 먹기도 한다. 브런치에 특별히 정해진 메뉴는 없으나 탄수화물, 단백질, 채소, 과일 등을 적절하게 섞어 영양상으로 균형 있는 식사가 되도록 구성하는 것이 일반적이다.

식사와 함께 차나 커피, 주스, 요구르트 등을 곁들여 먹는다.

4. 브런치의 종류

나라마다 지역에 따라 다양한 브런치가 있을 수 있다. 서양식 브런치는 주로 팬케이크, 토스트, 베이글, 와플, 스콘, 페이스트리 같은 빵과 베이컨, 소시지, 햄, 달걀, 연어 등의 단백질 요리, 각종 과일과 샐러드 등을 함께 먹는다. 베이글이나 팬케이크, 와플 위에 크림치즈, 잼 등을 바르고 딸기나 토마토 등의 과일을 얹어 먹는 방식도 흔하다. 훈제 연어나 구운 생선, 구운 고기도 브런치로 즐겨 먹는 메뉴다. 달걀은 스크램블드에그, 프라이, 오믈렛, 에그 베네딕트 등 다양한 방식으로 먹는다. 부드러운 수프나 덮밥, 딤섬 등을 브런치로 먹는 경우도 많다. 대부분의 식사에서 커피나 신선한 주스, 차, 우유 등의 음료를 함께 먹는다.

달콤한 브런치 창업

2 프랑스와 이탈리아의 대표적인 요리

1. 프랑스 요리

프랑스는 지중해와 대서양에 접하고 기후가 온화하며, 농산물, 축산물, 수산물이 모두 풍부하여 요리에 좋은 재료를 제공한다.

프랑스인들은 특이한 재료와 섬세한 요리법을 이용하여 음식의 맛을 즐길 줄 알았기에 요리가 많이 발전하였다. 프랑스 요리의 역사를 이해하기 위해서는 역사적 배경과 함께 미식가와 요리의 발전에 대하여 알아보는 것이 중요하다.

당시 사회적 권위의 상징은 사치스럽게 요리를 접할 수 있는가에 달려 있었다. 이 전통은 중세 때 확립되었고, 17세기 프랑스 요리의 근대적 혁명에서 서서히 형성되었다.

프랑스 요리의 발전 계기는 이탈리아 카트린 드 메디치가 앙리 2세에게 출가할 때 솜씨가 뛰어난 조리사를 데려오게 되었으며, 이로 인해 이탈리아 요리가 전해져 프랑스 요리는 르네상스를 맞게 되었다. 카트린이 데려온 이탈리아의 조리사에게서 프랑스의 궁중 요리사가 배웠고, 당시 파리에 요리학교가 생겨 많은 요리사가 양성되었다.

17세기에는 프랑스 식습관의 형식과 내용 면에서 큰 변화가 일어났다. 전반기에는 앙리 4세의 요리장 라바렌이 출현했고, 19세기에는 프랑스 요리의 진정한 창시자라 칭하는 마리 앙투안 카렘(Marie Antoine Careme)이 출현하였다. 그는 기본소스를 구분하고 파생소스를 체계화시켰다.

20세기의 조르주 오귀스트 에스코피에(George Auguste Escoffier, 1846~1935)는 카렘을 비롯한 여러 주방장의 업적을 집대성하여 현대 프랑스 요리의 규범으로 알려진 저서『요리의 길잡이』(Le Guide Culinaire, 1912)를 출판하여 프랑스 요리를 기록화 · 체계화시켰다. 그는 프랑스 정부로부터 훈장을 받았으며, 요리사의 사회적 지위를 높이는 데 큰 공헌을 하였다.

프랑스 요리는 당시 사회를 지배했던 종교의 영향으로 금육 시기와 고기를 먹을 수 있는 날의 요리로 구별되어 발전되어 왔다. 중세의 기본적인 음식에는 빵과 수프, 포도주 등이 있었다. 그러나 가난한 이는 채소만을 섭취했다.

2. 이탈리아 요리

대표적인 이탈리아 요리는 파스타와 피자이며, 이탈리아 요리는 크게 공업이 발달한 밀라노를 중심으로 한 북부요리와 해산물이 풍부한 남부요리로 나눌 수 있다. 이탈리아는 삼면이 바다인 반도로 형성되어 있다. 국토는 산이 많아 대부분 목축지이며, 여기서 생산되는 양질의 밀은 좋은 파스타의 원료로 사용된다.

북부의 대표적인 요리는 쌀을 이용한 폴렌타와 리소토 등이 유명하며, 아드리드해에서 잡히는 정어리, 게, 뱀장어와 알프스 지방에서 흘러나오는 맑은 물에서 잡히는 송어 등의 생선 요리가 있다. 남부 중심지인 나폴리에는 피자가 유명하고 시실리 등에는 파스타요리가 유명하다.

"이탈리아인을 알고 싶으면 그들과 함께 식탁에서 파스타를 먹고, 이탈리아를 이해하려면 아내를 도와 스펀지로 설거지를 하라."는 속담을 통해서 우리는 이탈리아가 파스타의 나라이며 스펀지가 물을 흡수하듯 주변의 모든 정치, 사회, 경제적인 변화들을 수용했다는 사실을 알 수 있다.

로마인들은 중세까지 식생활에 있어 채식을 하찮은 것으로 여겨 가난한 서민이나 먹는 것으로 간주했다.

고대 그리스와 로마의 육식문화는 주로 지배계층의 것이었다. 그러나 종교적인 축제와 헌물 의식에서 요리한 고기를 평민들에게 나누어주기도 했다. 육류와 생선 요리들은 재력가와 귀족들만 먹을 수 있었으며, 일반인들은 곡물류를 비롯한 식물성 음식만으로라도 배를 채울

수 있기만을 바랐다. 르네상스 시대와 근대의 음식문화는 차별성에서 동질성으로 이행하는 특징을 갖는 것이 이탈리아의 음식문화이다.

르네상스시대에 접어들면서 대규모의 정치, 사회적인 변동을 암시하는 사건들이 발생했다. 특히 농민계층들 사이에서 변화가 두드러지게 나타나고, 지배계층들은 점차적으로 다른 사회계층들의 생활방식을 정착시키거나 고착하면서 자신들의 고유한 영역을 구축하는 데 많은 관심을 가졌다. 사회의 변동과 함께 입맛에도 변화가 일어났다. 그 결과 음식문화는 조류, 특히 꿩과의 새 요리에 대한 수요가 가장 많았다. 새고기의 인기가 좋았던 이유는 인간사회의 계층적 질서와 하늘을 나는 새의 특성이 일치했기 때문이다. 또한 15~16세기 사슴과 멧돼지 고기는 숲이 대대적으로 파괴됨에 따라 공급이 수요에 미치지 못했기 때문에 귀족들로부터 많은 사랑을 받았다. 이 시대 부자들은 흰색의 고기 요리와 비교적 위에 부담을 적게 주는 생선요리를 선호했다.

요즈음 이탈리아는 어느 도시에서든지 패스트푸드점을 쉽게 볼 수 있다. 신세대의 음식이라 불리는 햄버거, 감자튀김, 코카콜라의 물결은 이탈리아의 입맛을 국적 불명으로 만들고 있다. 이탈리아의 아이들을 모정의 반찬으로부터 점차 멀어지게 하는 것 또한 사실이다. 그럼에도 불구하고 이탈리아의 가정들을 중심으로 파스타 또는 스파게티와 피자는 특히 '엄마의 사랑이 담긴' 파스타는 프리모 피아토로서 절대적인 위치이다. 오늘날 반도의 국명보다 더 유명한 파스타와 피자는 가장 이탈리아적인 음식이면서 동시에 가장 세계적인 음식으로 자리 잡고 있다.

음식문화의 차원에서도 이탈리아는 복잡한 역사적 현실과 자연환경의 요인으로 다양한 음식문화를 꽃피울 수 있었다. 이탈리아는 다른 선진문화 지역에서 공통적으로 찾아볼 수 있는 뜨거운 음식들을 중심으로 육류와 빵으로 대표되는 동물성과 식물성 재료들이 이상적으로 어우러진 음식문화의 전통을 가지고 있다. 또한 이탈리아의 음식문화는 역사적인 영향 이외에도 반도로서의 지리적 특성과 지중해성 기후의 혜택, 그리고 직접적인 재배를 통해 성숙되었다. 따라서 이탈리아는 대중적인 음식보다는 오히려 토속적인 성향의 수많은 음식들을 발전시켰으며, 이에 비례하여 가시적으로는 스펀지와 같은 성격의 문화를 탄생시켰다.

∴ 이탈리아인들은 전통적으로 다섯 번의 식사를 했다.

① 아침식사 ▶ 콜라치오네(Colazione)

대부분 진한 에스프레소 커피 한 잔 정도로 때운다. 먹는다고 해도 곁들임으로 크루아상이나 브리오슈 같은 빵 한 조각을 먹는 정도이다.

② 스푼티노(Spuntino)

오전 11시를 전후해서 아이들은 학교에서 간식으로 가져간 빵을 먹고 직장인들도 바에 나가 간단하게 빵과 커피를 마신다.

③ 점심식사 : 프란초(Pranzo)

시에스타(Siesta, 낮잠)가 있어서 대부분의 상점은 오후 1시 무렵부터 4시경까지 문을 닫는다. 이 때문에 집에 가서 느긋하게 정찬으로 점심을 즐겼는데, 요즘 직장인들은 회사 근처에서 간단히 때우는 경우가 많다.

④ 메렌다(Merenda)

오후 4시경에 다시 오후 업무가 시작되고, 5시 무렵이면 거리의 Pizzeria에서 조각피자를 먹거나 집에서 구운 케이크와 커피를 마신다.

⑤ 저녁식사 : 체나(Cena)

오후 일과는 대개 7시 반경에 끝나므로 저녁식사는 보통 8시 반 전후로 시작된다. 이탈리아인들은 온 가족이 모여 식사하는 것을 매우 중요하게 생각하므로 주로 저녁식사 때 온 가족이 모여 정찬을 즐기는 경우가 많다.

∴ 이탈리아의 정찬코스는 다음과 같다.

① 식전음식 & 식전주 : 아페르티보

결혼식과 같은 큰 행사 때 주로 먹는 요리, 즉 전채요리 전에 나온다. 스탠딩 형식으로 마시는 와인(식전주)이다(와인 : 스파클링 와인, 스푸만테(Spumante) 등).

② 식전음식 : 스투치키니(Stuzzichini)

간식의 의미보다는 식사하기 전에 먹는 음식으로서 호박꽃을 튀겨 먹거나 방울토마토를 몇 개 먹기도 한다. 그리고 브루스케타(Bruschetta), 올리베 알 아스콜라나(Olive al ascolana), 포카치아(Focaccia) 등이 있다.

③ 전채요리 : 안티파스토(Antipasto)

식사 전 입맛을 돋우기 위한 요리들이다. 간단한 채소나 마리네이드한 어패류와 같이 새콤하고 짭짤하면서도 산뜻한 맛을 강조해서 식전에 입맛을 돋우는 역할을 한다.

▶ **프레도(Antipasto Freddo : 냉전채):** 연어요리나 지중해식 참치요리, 쇠고기 카르파초(쇠고기를 날것으로 얇게 저며썰어 올리브 오일, 식초, 마요네즈에 재운 것), 토마토 카나페 등이 있다. 주로 올리브 오일을 사용한 차가운 메뉴가 많은 것이 특징이다.

▶ **칼도(Antipasto Caldo : 온전채):** 더운 전채를 말한다.

④ 첫 번째 요리 : 프리모 피아토(Primo-Piatto)

첫 번째 접시라는 뜻의 의미로, 첫 번째 요리를 말한다. 전채요리 다음에 먹는 요리로서 곡류를 이용한 요리를 주로 먹는다.

예를 들어, 스파게티나 피자를 먹으며, 저녁식사에는 주로 주페(수프)를 먹는다.

▶ **파스타류**

건면과 생면이 있는데, 지역에 따라 낮에는 착색 파스타나 소가 든 파스타를 먹으며, 저녁에는 수프 종류를 먹는다.

▶ **뇨키**

현재 이탈리아에서 먹는 뇨키는 감자를 이용한 것이 주를 이루지만 감자가 들어온 것은 유럽의 대항해 시대 이후이므로, 뇨키에는 감자 대신에 호박을 이용한 것 등 많은 종류가 있다. 찰진 반죽을 떼어내 물에 삶아 요리하는 방식이 한국의 수제비와 비슷하다.

▶ **리소토**

쌀을 이용한 음식으로 채소 및 버섯, 고기, 생선을 이용해 끓여 먹는 요리이다. 반드시 육수로 볶아야 깊은 맛을 즐길 수 있다.

▶ **피자와 칼초네**

피자는 밀가루 반죽 위에 토마토 소스와 채소, 해산물, 치즈를 얹어 구워내는 요리이다. 칼초네는 로마와 나폴리가 기원이라는 설이 있다.

▶ **미네스트라 : 맑은 육수로 만든 수프**

　미네스트로네 : 국물이 거의 없는 상태(우리의 미음 농도)

　주페 : 찌개처럼 국물이 적은 것

서양식 수프로 우리에게 잘 알려진 수프이다. 걸쭉한 것과 맑은 것의 2가지 종류가 있는데, 걸쭉한 것은 주로 파스타를 많이 넣어 끓인 수프이다. 맑은 것은 채소나 곡류, 콩류를 넣고 끓여서 사용한다.

⑤ **두 번째 요리 : 세콘도 피아티**

생선, 해물, 고기(송아지), 양고기, 야생고기(멧돼지, 꿩, 산비둘기, 토끼 등), 조류 등을 이용한 메인 디시에 해당되는 요리이다. 송아지 고기를 이용한 밀라노식 커틀릿, 티본을 이용한 피렌체식 스테이크, 생 햄을 싸서 구운 송아지 고기, 힘줄 있는 송아지 고기를 조린 것 등이 유명하다.

조리법은 거의 간단해서 찜이나 조림, 소테, 팬 프라이, 구이가 중심이 된다.

⑥ **곁들임 채소 : 콘토르니**

메인요리에 곁들이는 채소요리로서 샐러드나 더운 채소 가니시의 형태로 제공된다.

⑦ **치즈 : 포르마조**

여러 가지 치즈를 다양하게 먹는 이탈리아인들은 각자의 기호나 취향에 맞게 치즈를 즐긴다. 경질치즈에 속하는 파마산 치즈나 그라나 파다노에 밀가루 반죽을 입혀 튀겨 먹는다.

⑧ 디저트 : 돌체

식사 후 치즈 다음으로 먹는 케이크나 과일 디저트 등의 달콤한 음식으로, 산뜻한 맛의 아이스크림이나 달콤한 Tiramisu, 바바루아에 캐러멜 소스를 뿌린 판나코타, 멜렝게와 생크림을 이용한 카사타, 딱딱하고 달콤한 비스코티를 술에 담가 먹는 것도 이탈리아인들만의 독특한 디저트이다.

⑨ 단과자 : 파스티체리아

그대로 해석하면 '작은 과자'라는 뜻이다. 주로 만들어서 먹거나 구입하여 입맛에 맞게 요리해서 먹는 종류의 단과자이다.

– 식후주 : 리큐어

식사 후 독하게 먹는 식후주로 그라파, 아모로, 레몬맛이 강한 리몬첼로 등을 주로 먹으며, 리큐어의 도수는 25~80도에 이른다.

⑩ 차와 커피 : 카페

이탈리아인들은 식후뿐만 아니라 평소에도 커피를 진하게 마시는 편이다. 아주 강한 향과 맛을 즐기기 위한 커피가 바로 에스프레소이다. 소주잔 크기의 잔에 1/2 정도만 뽑아먹는데, 맛과 향이 무척 강하고 진하다.

3 식재료 계량단위

1cup ☞ 한국 : 200cc /200ml

　　　 미국 : 240cc /240ml

1Tsp(Table Spoon, 1큰술) ☞ 15cc / 15ml / 3tsp

1tsp(table spoon, 1작은술) ☞ 5cc / 5ml

1oz(ounce, 1온스) ☞ 28.3g

1Ib(pound, 1파운드) ☞ 453.6g

온도계산법

섭씨(Centigrade) $1℃ \Rightarrow$ 화씨(Fahrenheit) $33.8℉$

공식 ☞ 섭씨($℃$)에서 화씨($℉$) → $℉ = 9 / 5℃ + 32$

　　　 화씨($℉$)에서 섭씨($℃$) → $℃ = 5 / 9(℉ - 32)$

4 서양요리의 식사순서 및 테이블 세팅

1. 서양요리의 식사순서

3코스부터 10코스가 훌쩍 넘어갈 만큼 다양하게 구성할 수 있다. 메뉴의 가격, 고객의 요구, 행사의 특징 등에 따라 코스의 단계를 결정한다. 일반적으로는 3코스와 5코스 메뉴가 주로 활용되며 재료의 중복됨에 주의하고, 양(Quantity), 영양(Nutrition), 색감(Color), 균형(Balance), 서비스 타임(Time) 등을 고려하여 메뉴를 구성해야 한다.

1) 식전주

식사를 시작하기 전에 가장 먼저 제공되는 와인으로 가볍고 산뜻한 맛의 샴페인이나 로제 와인, 셰리 와인 등이 제공된다.

2) 아뮈즈부슈

식사 전에 웰컴 디시와 비슷한 개념으로 적은 양(한입 정도)이 제공된다.

3) 전채요리

오르되브르라고도 하며 식전에 입맛을 촉진한다는 의미가 있다. 주로 생선, 해산물, 거위

간 등을 활용하여 식욕을 촉진할 수 있도록 산미를 강화하여 제공되는 코스이다.

4) 수프

위를 달래기 위해 따뜻한 수프를 제공하는 것이 일반적이며, 주요리의 재료에 따라 맑은 수프와 걸쭉한 수프를 제공한다. 빵과 함께 제공되기도 한다.

5) 미들코스

주요리는 보통 육류나 가금류가 제공되기 때문에 주요리의 재료와 중복되는 재료를 배제하여 가벼운 생선이나 파스타 요리가 제공된다.

6) 셔벗

코스메뉴의 주요리를 먹기 전에 앞서 제공되었던 메뉴들의 향과 여운을 깨끗이 헹구어 주요리를 만끽할 수 있게 도와준다. 코스메뉴의 셔벗은 너무 달지 않아야 한다.(레몬이나 오렌지 등의 천연재료와 얼음을 사용하여 조리)

7) 주요리

메인 디시라고도 하며 주로 육류인 쇠고기를 활용하여 소스와 채소 곁들임이 제공된다. 고객이 원하는 굽기 온도(Rare, Medium Rare, Medium Well, Well Done)에 맞춰 조리되어야 한다.

8) 샐러드

샐러드는 코스에 영향을 받지 않는 메뉴이기도 하며 수프 다음 코스에 제공되거나 주요리와 함께 제공되기도 한다. 코스에 따라 샐러드에 사용되는 드레싱의 선택이 중요하다.

9) 치즈

샐러드와 마찬가지로 코스에 영향을 받지 않으며, 식전주나 전채요리 전에 제공되기도 한다. 종류별 치즈에 어울리는 와인과 함께 제공하는 것이 좋다.

10) 후식

모든 식사코스가 끝나고 기분 좋게 마무리할 수 있는 달콤한 아이스크림이나 케이크, 무스 등이 제공된다.

11) 커피 또는 차

작은 커피잔을 의미하는 데미타스(Demitasse)에 커피나 차(홍차, 녹차, 허브차 등)가 제공된다.

2. 테이블 세팅이란

'상차림'의 뜻으로 고객의 식사를 위해 코스별 용도에 맞게 식사 전에 기물을 준비하는 것이다. 포크나 나이프는 서비스 접시를 중심으로 바깥쪽부터 사용한다. 최근에는 테이블 세팅을 많이 간소화하여 코스 메뉴에 맞춰 기물을 제공하기도 한다. 손을 사용하여 먹어야 하는 메뉴가 있을 때에는 핑거볼(Finger Bowl)을 따로 세팅하여 손가락을 씻을 수 있도록 한다.

달콤한
브런치
창업

5 다양한 빵의 세계

인류의 역사는 빵과 함께 진행되어 왔다고 해도 과언이 아니다. 세계의 문명은 농업이 이루어지는 곳에서 발생되었고 그곳에서 빵도 함께 발전해 왔기 때문이다. 빵이 처음 만들어졌을 당시만 하더라도 끼니를 채우기 위한 생존의 수단이었지만, 지금은 다양한 맛과 향을 가미한 빵들이 쏟아져 나오고 있다. 특히 이러한 빵들은 각 나라별 기후와 문화의 영향을 받아 독특하게 변모되었다. 약 6천 년 전 이집트에서 시작되었다는 빵의 역사가 여러 나라를 거치면서 어떻게 변화되었고, 현재는 어떠한지 알아보도록 하자.

1. 인도요리와 찰떡궁합 : 난(naan)

약 6천 년 전 중앙아시아 메소포타미아인들에 의해 유래된 난은 밀을 반죽한 뒤 흙이나 돌로 만든 화덕에 붙여 구워낸 빵이다. 처음 만들어진 후 이집트로 건너가면서 발효제를 넣기 시작하였고 이후 지금의 모양을 갖게 되었다. 난은 인도를 비롯하여 서남아시아 국가들의 식탁에 자주 등장한다. 탄두리라 불리는 화덕의 내벽에 밀가루와 소금, 달걀을 섞어 만든 반죽을 기다랗게 붙여 구워내는데, 담백하면서 쫄깃한 맛이 특징이다. 특히 난은 인도의 강한 향신료가 곁들여지는 양고기나 커리 등을 싸서 먹는데, 그 맛을 한층 더 부드럽게 만들어주는 역할도 한다.

2. 미국인에게 인기 있는 아침식사 : 베이글(bagel)

미국인들이 다이어트 식품으로 가장 선호하는 빵인 베이글은 대략 2000년 전 유대인들이 만들어냈다. 베이글은 독일어로 등자(말을 탈 때 발을 딛는 곳)를 뜻하는 뷔글(bugel)에서 유래되었다고 한다. 17세기 중반 오스트리아와 터키의 전쟁 중 오스트리아는 폴란드에 구원병을 요청하게 되는데, 폴란드의 얀 3세는 상당수의 기마병을 지원해 준다. 이를 통해 전쟁에서 승리하게 된 오스트리아의 왕은 유대인 제빵업자에게 등자 모양의 빵을 만들라 지시하였고, 그때 완성된 빵이 바로 베이글이다. 이후 베이글은 19세기 들어 다수의 유대인들이 미국의 동부지역으로 이주하면서 미국 내에 알려지게 된다.

담백한 맛이 특징인 베이글은 주로 아침식사에 사용되며, 반을 가른 뒤 살짝 구워서 크림치즈나 버터를 발라 먹으면 일품이다. 햄과 치즈, 채소 등을 넣고 샌드위치를 만들어 먹기도 하며 커피에 담가 먹기도 한다.

3. 벌집 모양을 한 달콤한 디저트 : 와플(waffle)

와플은 표면이 울퉁불퉁한 벌집 모양의 디저트로 간단한 아침식사나 브런치로 인기가 높다. 와플은 크게 두 종류로 나뉜다. 벨기에식은 이스트와 달걀 흰자를 넣어 굽기 때문에 달지 않은 것이 특징이다. 그래서 와플 위에 크림이나 과일을 올려 먹기도 한다.

이에 반해 미국식 와플은 베이킹파우더를 반죽에 첨가하며 설탕을 많이 사용하기 때문에 단맛이 특징이다. 여기에 달콤한 시럽까지 뿌려 먹는데 최근 한국에서 많이 볼 수 있는 와플은 대부분 미국식이다.

와플의 모양에 관한 흥미로운 일화가 있다.

영국의 조그마한 식당의 요리사가 스테이크를 부드럽게 하기 위해 도구로 두드리며 고기를 굽고 있었다.

요리사가 잠시 부인과 이야기를 하던 중 두드리던 곳을 보니 자신이 두드리던 것은 스테이크가 아니라 와플 반죽이었다. 가만 살펴보니 막대로 두드린 부분에 구멍이 패여 울퉁불퉁하게 되었는데, 요리사는 패인 홈 때문에 잼과 시럽이 흐르지 않아서 좋을 것이라 생각하고 계

속하여 구워낸 것이 현재 벌집 모양의 시초가 되었다.

4. 중국인의 식사를 책임지는 빵 : 화쥐안(花捲)과 유탸오(油条)

한국에 '꽃빵'으로 알려진 화쥐안은 중국 음식을 먹을 때 빼놓지 않고 등장하는 밀가루 빵이다. 대부분 볶은 음식과 곁들여 나오기 때문에 소스에 묻혀 먹기도 하며 반찬을 올려서 먹기도 한다. 중국의 북부지방에서는 면이나 밥 대신 화쥐안을 주식으로 먹기도 한다. 화쥐안은 밀가루와 소금 그리고 기름을 넣고 반죽을 만든 뒤 찜통에서 쪄내면 완성된다.

기름과자라는 뜻의 유탸오(油条)는 기다랗게 생긴 모습이 마치 추로스(Churros)와 비슷하다. 유탸오는 길거리 음식으로 중국 어디나 쉽게 볼 수 있는데 직장인들이나 학생들이 아침을 간단히 해결하기 위해 즐겨 먹는다. 밀가루 반죽을 한 뒤 발효시켜 30센티 정도의 길쭉한 모양으로 만들어 기름에 바삭하게 튀겨내는데, 겉은 바삭하고 속은 부드럽다.

5. 다진 고기로 만든 호주의 빵 : 미트 파이(meat pie)

호주 사람들이 매일 아침이면 한 손에 들고 움직이는 빵이 바로 미트 파이이다. 일반적으로 미트 파이는 페이스트리 반죽에 고기와 채소를 넣어 육즙이 흥건하게 나올 정도로 구워내는 것이 특징이다. 속에 들어가는 재료는 쇠고기, 양고기, 닭고기 등 종류에 구애받지 않으며, 만드는 방법이 간단하기 때문에 가정에서도 쉽게 만들 수 있다. 호주에서는 야외 행사나 축제 때마다 빼놓지 않고 챙기며, 미식축구와 같은 스포츠 경기를 보러 갈 때도 햄버거보다 더 인기 있는 음식이다.

6. 익숙한 튀김과자 : 도넛(doughnut)

도넛은 400여 년 전 네덜란드에서 처음 만들어졌다. 처음 만들 당시 밀가루 반죽(dough)을 호두만한 크기로 튀겨냈기 때문에 기름과자(oil cake)라고 불렸다. 그러다 색깔이 견과류와 비슷한 갈색이며 크기도 비슷하여 도넛(doughnut)이라는 단어로 바뀌게 된다. 미국에서는 도넛(doughnut)의 스펠을 간단히 줄여 'donut'으로 쓰기도 한다. 도넛의 가운데 동그랗게 구멍이 생겨난 것에 관해서는 여러 가지 설이 있다. 그중 하나는 미국의 인디언 마을에 살던 한 부인이 빵을 만들다 인디언이 쏜 화살에 맞았는데 그 구멍이 지금의 동그란 구멍이 되었다는 설이다. 또한 네덜란드에서 도우의 가운데 부분에 견과류를 올려서 만드는 것을 본 청교도인들이 미국으로 건너가 지금의 도넛을 만들었다는 설도 있다. 도넛은 간단한 아침식사나 간식으로 전 세계인들의 사랑을 받고 있다.

6 샌드위치의 유래 및 역사

1. 샌드위치의 유래

18세기 공무에 빠져 있던 영국 샌드위치 가문의 4대 백작인 존 몬테규 샌드위치 백작을 위해 하인이 일하면서 먹을 수 있는 음식을 개발한 것으로, 빵에 고기를 끼워 넣어 먹을 수 있게 하였다. 그러나 당시 격식을 차려 식사하는 문화가 있었던 탓에 사람들은 놀라움을 감추지 못하였으나 기차 안에서 먹을 수 있는 등 그 간편함 때문에 먹는 사람들이 많아져 샌드위치 백작의 이름을 딴 샌드위치가 되었다.

2. 샌드위치의 역사

샌드위치와 비슷한 음식은 오래전부터 볼 수 있었는데, 로마시대에 벌써 검은 빵에 육류를 끼운 음식이 가벼운 식사 대용으로 애용되었고, 러시아에서도 전채의 한 종류인 샌드위치를 만들어 사용하였다고 한다.

3. 샌드위치란

샌드위치는 효모과정을 거친 빵 조각 사이로 한 겹 혹은 여러 겹으로 고기, 채소, 치즈 혹은 잼 등을 넣고 먹는 음식을 말한다. 빵은 그 자체로 사용하거나 버터, 기름 또는 다른 대체물(스프레드) 혹은 양념이나 소스 등을 발라서 풍미와 식감을 높인다.

4. 샌드위치의 종류

① 클로즈드 샌드위치

두 장의 빵에 내용물을 끼워 넣은 보통의 샌드위치를 말한다.

② 오픈 샌드위치

빵 위에 내용물을 얹고, 채색과 맛의 조화를 고려해서 장식한다. 덴마크의 '스뫼레브뢰'는 북유럽을 대표하는 유명한 것으로 5종의 빵을 사용해 200종의 오픈 샌드위치를 만든다.

③ 데카 샌드위치

빵 3장에 내용물을 2층으로 끼워 넣은 Double데카와 빵 4장에 내용물을 3층으로 끼워 넣은 Three 데카가 있다.

④ 토스트 샌드위치

식빵을 두껍게 썰어서 살짝 구워 만들고 달걀 프라이, 베이컨 등 뜨겁게 조리한 식재료를 끼워 넣는다. 샌드위치는 보통 차갑지만 토스트 샌드위치는 뜨거운 샌드위치에 속한다.

⑤ 뜨거운 샌드위치

햄버거와 핫도그가 대표적인 뜨거운 샌드위치이다.

⑥ 파티 샌드위치

롤 샌드위치와 로프 샌드위치가 대표적이다. 롤 샌드위치는 빵으로 내용물을 김밥처럼 말아서 색과 모양을 조화시켜 아름답게 만들고, 로프 샌드위치는 대형 로프째로 화려하게 만들어 고객 앞에서 잘라 나누어주는 샌드위치이다. 한 가지 더하자면 셀프서비스 샌드위치가 있는데, 빵과 식재료를 따로따로 준비해 놓고, 각자 기호에 맞게 만들어 먹는 샌드위치이다.

⑦ 칵테일 샌드위치

칵테일 샌드위치는 맛에 중점을 두어야 하고, 식사대용 목적이 아니므로 작은 크기로 만들며 고급 식재료를 사용한다. 일반적으로 내용물을 다지거나 얇게 썰어 모양을 가볍고 자유롭게 만들 수 있게 한다. 빵을 쿠키 커터로 찍어내어 오픈 샌드위치로 만드는 경우도 있다.

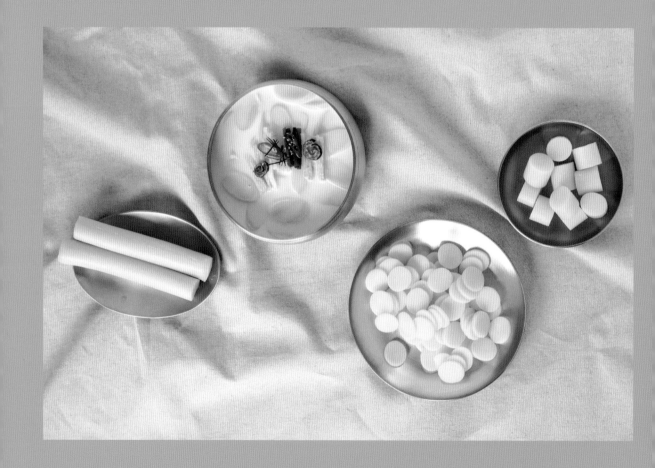

7 한국인과 떡

예부터 "굿이나 보고 떡이나 먹지" "떡 해 먹을 집안" "남의 떡으로 제사 지낸다" "떡 본 김에 제사 지낸다" 등의 떡에 대한 속담이 많이 전해진다. 이를 보듯 우리 민족은 떡과 밀접한 관계가 있었다. 한국인에게 있어 떡은 손쉽게 해먹는 음식이나 일상식의 개념이 아닌 집안의 크고 작은 행사, 잔치, 고사, 제사 등에 빠지지 않는 잔치음식의 개념이었다. 또한 '밥 위에 떡'이라 하여 떡은 맛있고 좋은 것을 상징했고, "얻은 떡이 두레 반"이란 속담처럼 떡은 서로의 정을 나눈다는 의미로 우리 민족의 정서를 표현하는 대표적인 매개체였다.

농경을 주업으로 하는 우리 민족에게 떡은 곡물을 익혀 먹는 과정에서부터 시작되었을 것으로 추측되며 곡물을 가루로 만들고 시루에 쪄서 절구에 치는 과정을 통해 소화가 쉽고, 먹기 쉽게 함으로써 여러 형태의 떡이 만들어진 것으로 보인다. 떡의 역사는 상고시대의 출토물인 시루나 벽화, 그리고 옛 문헌의 기록들로 쉽게 짐작할 수 있다.

떡은 통과의례, 일 년 열두 달 사계절의 시식, 별식으로 초봄에 햇쑥을 넣은 쑥버무리, 삼월 삼짇날에는 진달래꽃을 이용한 화전, 오월 단오는 수리취를 넣은 차륜병, 구월엔 국화잎을 얹은 국화전 등 계절을 나타내는 시식으로 다양하게 이용되어 왔다.

떡의 주재료는 쌀로 다른 부재료를 첨가하여 떡의 종류가 다양하게 발전되어 왔다. 쌀은 다른 재료와 맛의 조화도 좋으며, 흰 쌀가루를 바탕으로 다른 곡물이나 채소류 등의 색재료를 첨가한 떡의 제조가 가능하였다. 이러한 부재료의 첨가는 쌀에서 부족한 단백질이나 지방, 비타민을 보충하는 기능으로 영양가 높은 건강식임을 보여주고 있다.

1. 떡의 유래와 역사

떡이란 곡식가루를 찌거나 삶거나 지져서 익힌 음식으로 통과의례, 명절, 행사 등에서 빼놓을 수 없는 한국 고유의 음식이다. 떡의 어원인 '찌다'가 명사화되어 '떼기 → 떠기 → 떡'으로 변화되었다. 떡의 기원은 농경의 시작과 함께 이루어졌을 것으로 추정되며, 청동기 유적지에서 떡을 만들던 도구들이 출토되었다. 나진 초도유적의 패총 및 삼국시대의 고분 등에서 시루가 출토되었고, 이 무렵 대부분의 생활유적지에서는 연석이나 확돌이 발견되었다.

① 삼국시대 이전

우리 민족은 삼국시대 이전부터 곡물을 가루로 만들어 시루에 찐 음식을 만들어 먹었으리라 추측할 수 있다. 여기서 곡물을 가루로 만들어 시루에 찐 음식이란 '시루떡'을 의미하는 것이다. 따라서 우리 민족은 삼국시대 이전부터 시루떡 및 시루에 찐 떡을 쳐서 만드는 인절미, 절편 등의 도병류를 즐겼을 것으로 보인다. 다만, 당시에는 쌀의 생산량이 그다지 많지 않아 조, 수수, 콩, 보리 같은 여러 가지 잡곡류가 다양하게 이용되었을 것으로 짐작할 수 있다.

② 삼국시대의 떡

삼국시대를 거쳐 통일신라시대에 이르면 사회가 안정되면서 쌀을 중심으로 한 농경이 더욱 발달하게 된다. 이 시기에 쌀을 주재료로 하는 떡이 더욱 일반화되었음은 물론이다. 고구려시대 무덤인 황해도 안악 동수무덤 벽화에는 시루에 무언가를 찌는 모습이 보인다.

③ 고려시대의 떡

고려시대에 번창한 불교문화는 육식을 멀리 하고 차를 즐기는 풍속을 유행시켜 떡이 더욱 발전하는 계기가 되었다. 연등회, 팔관회 등 각종 의례의식에 떡이 사용되면서 다양한 떡 조리법이 개발되었다. 고려시대의 대표적인 떡 '고려율고'는 밤가루와 멥쌀가루를 섞어 꿀물에 내려 시루에 찐 밤설기이다.

불교문화와 더불어 몽골과의 잦은 교류도 고려인의 음식문화에 많은 영향을 주었다. 특히 밀가루에 술을 넣고 부풀려 채소로 만든 소와 팥소를 넣고 찐 증편류인 상화가 도입되었는데, 이는 고려시대 이전에 있었을 것이라 여기는 증편에서 발전된 떡이다.

④ 조선시대의 떡

조선시대의 떡은 궁중과 양반가를 중심으로 과실, 꽃, 야생초, 약재 등을 첨가하여 빛깔, 모양, 맛이 다양화되면서 떡의 전성기로 불렸다. 메조가루에 삶은 대추, 팥을 섞어 찐 '기단가오'와 잣과 대추를 잘게 썰어 고명으로 얹어 시루에 찐 '유고' 등이 대표적이다.

관혼상제의 풍습이 일반화되어 각종 의례와 크고 작은 잔치, 무의 등에 떡이 필수적으로 사용되었다. 떡의 종류 및 조리법을 기록한 책은 조선시대 이후에 활발하게 출간되었으며 대부분 한글로 기술되어 있다. 조선 후기 장계향이 쓴 『음식디미방』에는 상화법, 증편법, 잡과편법, 밤설기법 등 떡의 조리법이 자세하게 기록되어 있다.

조선 후기 실학자 홍만선은 『산림경제』에서 곶감떡, 밤떡, 방검병, 석이병 등을 소개하였다. 『규합총서』에는 복령조화고, 백설고, 권전병, 유자단자, 석탄병, 두텁떡 등의 조리법이 소개되어 있다.

2. 떡의 종류

떡의 명칭은 지역 등에 따라 매우 다양하나 만드는 방법은 찌고, 치고, 지지고, 삶는 4가지로 한정되어 있다. 떡은 주재료인 쌀, 좁쌀, 보리 등의 떡가루를 이용하여 조리하는 방법에 따라 크게 다음의 4가지로 구분한다.

1) 찌는 떡

주재료가 되는 곡물가루에 적당량의 물을 넣은 후 시루에 넣어 그대로 찌거나 다른 재료를 켜켜이 안쳐 찐 떡이다. 낙랑유적에서 동 시루와 흙 시루 등이 발견된 것으로 미루어보아 가장 오랜 역사를 가진 떡 종류로 추정된다.

⠿ 찌는 떡의 종류

설기떡, 두텁떡, 증편, 편 등이 있으며 덩어리로 안쳐 만들기 때문에 멥쌀을 주로 이용하는 것이 특징이다. 쑥, 수리취 등의 재료를 쌀가루에 버무려 찌는 버무리나 떡가루를 두껍게 안쳐 덩어리로 찌는 설기떡 그리고 예쁘게 빚어서 찌는 송편이 있다.

2) 치는 떡

곡물 또는 곡물가루를 시루에 찐 다음, 절구나 안반 등에 넣고 떡메나 절구로 쳐서 만들어 탄력과 쫄깃함을 느끼도록 만든 떡이다. 찹쌀을 주재료로 사용한 것은 찹쌀도병이라 하며 대표적인 떡은 인절미로 고물에 따라 종류가 다양하다. 멥쌀로 만든 것은 흰떡, 절편, 골무떡, 개피떡, 바람떡, 고치떡, 개떡, 꼬장떡 등 다양한 종류가 있다.

⠿ 치는 떡의 종류

치는 떡은 크기, 만드는 방법, 목적에 따라 지역마다 독특한 떡이 만들어져 이용된 것이 특징이다.

▶ 절편은 흰떡을 다시 굵게 비벼서 끊어 떡살에 찍은 것을 말하며 둥글거나 네모지거나 제사에 쓰도록 길게 만드는 경우도 있다.

▶ 흰떡은 쪄낸 떡을 매우 친 후 두 손바닥으로 굴리듯이 길게 밀어 만든 떡으로 절편, 개피, 고치떡 등 다른 떡의 기본이 되며 가래떡이 대표적이다.

▶ 골무떡은 작은 절편으로 크기가 골무만 하여 붙은 이름이고, 고치떡은 전남의 향토음식으로 양잠의 좋은 성과를 기원하는 떡이다.

▶ 개떡은 보릿가루를 반죽하여 찐 떡으로 경기지방의 향토음식이며, 꼬장떡은 조로 만들어 가랑잎에 싸서 쪄내는 함경도의 향토음식이다.

3) 지지는 떡

찹쌀가루, 밀가루, 수숫가루 등을 반죽하여 기름에 지진 떡으로 중국 전한에서 시작되었다는 설이 있다.

『임원경제지』에는 찹쌀가루와 꽃을 섞어 지진 것을 화전이라 하였고, 밀가루를 둥글게 지진 것을 전병이라 기록하였다. 우리나라에는 대체로 당나라 때 불교와 함께 전래되었을 것으로 추정된다. 『경도잡지』『동국세시기』 등에는 다양한 종류가 기록되어 있으나 현재까지 이어진 것은 몇 종류에 불과하다.

∴ 지지는 떡의 종류

▶ 화전은 찹쌀가루를 반죽하여 기름에 지진 떡으로 계절에 따라 진달래꽃, 장미꽃, 배꽃, 국화꽃 등을 붙여서 만드는 화사한 떡이다. 조선시대 궁중에서 삼짇날 중전을 모시고 창덕궁(비원)에 나가 옥류천가에서 진달래꽃을 얹어 화전놀이를 했다는 기록이 있다.

▶ 주악은 찹쌀가루를 반죽하여 소를 넣고 송편처럼 만들어 기름에 지진 떡으로 『임원경제지』에 손님 대접과 제사음식으로 으뜸이라 기록되어 있다.

▶ 이외에도 충청도의 부꾸미, 개성지방의 우메기떡, 함경도의 노티떡, 빈대떡, 석류병, 감떡, 토란병, 계강과 등이 있다.

4) 삶는 떡(경단, 단자)

삶는 떡은 경단류, 단자류, 새알심 등으로 나뉘며 고물의 종류와 색깔이 매우 다양하여 가장 아름다운 떡류이다.

익반죽해서 빚은 다음 끓는 물에 익혀서 만들며, 오미자떡수단, 조랭이떡국, 팥죽 등에 들어가는 새알심이 대표적이다.

∴ 삶는 떡의 종류

▶ 경단은 찹쌀가루를 익반죽하여 밤톨만큼씩 둥글게 빚어 끓는 물에 삶아 여러 가지 고물을 묻혀 만든 떡이다. 고물로는 메밀, 마, 콩, 팥, 깨 등이 사용되며, 부재료로는 감, 잣, 유자, 호두 등의 과일과 견과류를 이용하였는데, 개성경단이 대표적이다. 『동국세시기』에는 쑥으로 만든 애단자와 삶은 콩을 꿀에 섞어 바른 밀단자가 겨울철 시식으로 기록되어 있다.

▶ 단자는 찹쌀가루를 익반죽하거나 찐 후 다양한 모양을 만들어 고물을 묻힌 떡으로 고물에 따라 다양한 단자가 존재한다. 쑥구리단자, 석이단자, 대추단자, 유자단자, 복숭아단자, 살구단자, 율무단자, 감단자, 수수도가니 등이 대표적이다. 특히, 아기의 백일이나 돌날에 붉은색이 악귀를 쫓는다 하여 붉은 팥고물을 묻힌 수수팥단자를 첫돌부터 열 번째 돌까지 생일날 만들어 이웃과 나누어 먹는 풍습이 있었다.

▶ 떡수단은 유두절에 가래떡을 콩알 크기로 만들어 녹말가루를 묻힌 뒤 끓는 물에 삶아 건진 후 오미자물에 넣어 먹는 독특한 떡이다.

3. 지역별 떡의 특징

① 강원도

산이 많고, 토지가 평평하지 않아서 옥수수, 감자와 같은 농산물이 주를 이룬다. 주로 영서지방에서는 화전민들이 농작물을 많이 생산하여 옥수수, 감자 등을 이용한 송편, 경단 같은 곡물 중심의 떡이 발달하였다.

② 서울·경기도

중부지방의 서쪽에 위치하여 쌀, 보리와 같은 곡류와 다양한 종류의 과일이 생산되었다. 풍부한 농산물로 인해 다양한 종류의 떡이 발달하였으며, 겉모양을 중시하여 웃기떡과 같은 고명을 많이 사용하였다.

③ 충청도

농업이 주로 이루어져 쌀, 보리, 고구마 등과 같은 다양한 농산물이 풍부하여 보릿가루, 쌀가루, 도토리가루 등과 같은 다양한 곡물가루를 사용한 떡이 주를 이룬다. 떡에는 대부분 고물을 켜켜이 쌓는 방식의 찌는 떡이 많다.

③ 전라도

우리나라에서 쌀이 가장 많이 생산되는 곡창지대로 다른 지방보다 다양한 음식문화가 발달하였다. 떡의 모양이 가장 화려하고, 재료를 풍성하게 사용하여 감칠맛 나는 떡을 만들어 먹었다.

⑤ 경상도

각종 과일과 곡물이 다양하게 생산되어 지역별로 생산되는 여러 가지 재료를 이용하여 각기 다른 차별화된 떡이 주를 이룬다.

곡류 이외의 다양한 식재료를 사용하여 다양한 떡을 만드는 법이 발달하였다.

⑥ 제주도

땅이 척박하고 물이 귀해 논농사가 발달하지 못했지만 다양한 곡물 중심의 생활로 인해 쌀가루가 아닌 곡물가루 중심의 떡이 발달하였다. 그래서인지 다소 어려운 이름의 떡 종류들이 주를 이룬다.

⑦ 평안도

농작물을 비롯하여 조, 수수, 기장, 옥수수 등과 같은 잡곡류와 과일이 많이 생산된다. 떡은 주로 위와 같은 농산물을 이용하여 만드는데, 대륙적이고 진취적인 평안도의 특성이 그대로 반영되어 매우 크고, 소담스럽다.

⑧ 황해도

자연환경과 산업적 특성을 갖춘 황해도는 곡창지대가 많아 곡물 중심의 떡이 다양하게 발달하였다. 또한 인심이 좋기로 유명하여 떡도 후한 인심답게 푸짐하고 큼직한 것이 특징이며, 맛은 구수하고 모양은 소박하다.

⑨ 함경도

백두산과 개마고원이 있는 험한 산간지대로 평야가 적어 논농사보다는 밭농사가 발달하였다. 특히, 곡물이 발달하여 콩이나 들깨 등으로 만든 곡물떡이 발달하였다.

4. 한과의 종류와 특징

① 유밀과

꿀을 넣고 반죽하여 기름에 튀긴 후 꿀에 담근다. 보통 밀가루에 참기름과 꿀을 넣어 되직하게 반죽해서 판에 박아내거나 예쁜 모양으로 빚어서 기름에 지져내는 것이다.

원래 유밀과는 꿀로 반죽하는 것이 원칙이나 최근에는 설탕과 엿을 녹여서 쓰기도 한다. 유밀과는 재료를 똑같이 배합한 반죽으로 여러 가지 모양을 만들어 갖가지 이름을 붙인다. 약과, 다식과, 만두과는 회갑이나 혼인잔치 때 놓고 채소과는 제사상에 놓는다.

② 만두과

대추를 씻어 흠씬 쪄서 어레미에 거른 후 계핏가루와 설탕을 넉넉히 섞어 소를 만든다. 반죽은 약과 반죽과 같이해서 밤톨만큼씩 떼어 대추로 소를 넣고 만두처럼 만든 다음 끓는 기름에 넣고 지져서 조청에 담가 낸다.

③ 약과

밀가루에 참기름과 꿀, 술을 넣고 충분히 섞은 후 약과판에 박아내어 펄펄 끓는 기름에 넣어서 타지 않고 속까지 잘 익도록 약간 오래 지진 뒤에 꺼낸다. 꺼내는 즉시 바로 조청에 넣었다가 그릇에 담는다. 조청에 오래 넣어둘수록 속이 연하고 맛이 있다.

④ 강원도 약과

찹쌀가루에 기름을 넣고 잘 섞은 다음 막걸리와 콩가루를 넣고 반죽한 뒤 약과판에 찍어 내어 기름에 지져서 조청에 재운 것이다. 이 약과는 밀가루로 만드는 보통 약과와 달리 찹쌀가루로 만드는 것이 특징이다. 강원도에서는 밀가루에 옥수수기름을 넣어 약과를 만들기도 한다.

5. 색을 내는 재료

1) 붉은빛을 내는 재료

① 백년초가루

절편이나 바람떡을 만들 때 주로 사용한다.

선인장의 열매로 만든 백년초가루는 열에 약하므로 떡이 다 익기 전에 사용하면 본연의 색이 변할 수 있다. 떡을 쪄내 식힌 다음 마지막에 첨가하는 것이 좋다.

② 딸기

딸기를 갈아서 그대로 사용하면 자연스러우면서 예쁜 색을 낼 수 있고 산딸기가 많이 나는 철에는 산딸기를 사용해도 좋다.

∴ 딸기가루

시중에서 판매하는 딸기가루, 딸기주스가루를 사용할 수도 있지만, 우유에 타 먹는 딸기 맛 제티나, 네스퀵으로도 대체 가능하다. 시중에서 구입할 수 있는 동결 건조한 딸기 파우더는 쌀가루에 잘 섞이지 않으므로 우유 등에 개어 사용하면 좋다. 색의 변화를 방지하기 위해 레몬즙을 살짝 뿌리기도 한다.

③ 자색고구마가루

고구마 속이 자색빛을 띠는 자색고구마는 삶은 후 으깨어 퓌레 형태로 사용하면 적은 양으로 예쁜 보라색을 낼 수 있다. 자색고구마가루는 열에 약하므로 다른 가루에 비해 조금 더 넣어야 원하는 만큼의 색을 낼 수 있고, 좀 더 쉽게 진한 보랏빛을 내려면 포도주스가루를 사용한다.

④ 오미자즙

사용하기 하루 전 열매를 깨끗이 씻고, 찬물과 오미자를 동량으로 넣어 우린 다음 면포에 걸러 사용한다. 뜨거운 물에 우리면 신맛과 떫은맛이 강하므로 주의하고 신맛을 줄이기 위해서는 설탕을 조금 더 첨가하면 된다.

⑤ 복분자즙

복분자를 믹서에 잘 간 후 면포에 씨를 걸러 사용하거나 시중에서 판매하는 복분자즙으로 대체 가능하다.

2) 초록빛을 내는 재료

초록색을 낼 때에는 주로 쑥가루와 녹차가루, 말차가루 등을 이용하는데, 쑥가루가 가장 어둡고 말차가루가 가장 밝은 초록색을 낸다.

① 쑥가루

봄철에 나는 쑥을 깨끗이 손질하여 잘 삶은 다음, 냉동시켜 사계절 내내 편리하게 사용할 수 있고 시중에서 파는 쑥가루로 대체 가능하다.

② 녹차가루

녹차가루 중에서도 어린잎으로만 만든 말차가루로 떡을 만들면 색이 훨씬 더 곱다.

③ 시금치가루

시금치와 물을 함께 갈아 면포에 거른 후 사용해도 되고, 시중에서 파는 시금치가루를 이용해도 된다.

④ 솔잎가루

솔잎과 물을 함께 갈아 면포에 거른 후 사용하거나 건조기에 말려 분쇄해서 사용하면 좋다.

3) 노란빛을 내는 재료

① 단호박가루

찜통에 찐 단호박을 잘 으깨어 퓌레 형태로 많이 사용하지만, 번거로울 때는 시중에서 판매하는 단호박가루를 이용하면 간편하게 노란빛의 떡을 만들 수 있다. 치자에 비해 어두운 노란빛을 띠며 주로 무지개떡을 만들 때 많이 사용한다.

② 치자가루

치자가루는 떡에 넣었을 때 화사한 노란빛을 내는데, 깨끗이 씻은 다음 반을 잘라 따뜻한 물에 잘 우려낸 후에 사용한다. 보통 물 1컵에 3~5개 정도를 넣는 것이 알맞다.

③ 진피가루

귤껍질을 잘 씻어 가늘게 썰어 건조기에 3시간 정도 말린 후 믹서기에 갈면 진피의 향과 맛, 색이 살아난다.

④ 송홧가루와 송기가루

독특한 향취가 있는 소나무 꽃가루로 주로 다식을 만들 때 사용한다. 송홧가루와 동시에 송기가루는 소나무의 속껍질로 나무가 마르지 않고 물기가 있을 때 벗겨 말려두었다가 물에 우려 절편을 칠 때 섬유질이 풀어지도록 친 후에 사용한다. 송기를 쌀가루에 섞어 쓸 때에는 송기를 우려 말려서 가루로 내서 송편이나 각색편을 만들 때 섞어 색과 향을 낸다.

4) 갈색빛을 내는 재료

① 코코아가루

초콜릿색을 낼 때 사용하는데, 쌀가루에 섞어 쓰기도 하고, 떡케이크 윗면을 장식할 때 사용한다.

② 계핏가루

계수나무 껍질인 계피를 말려서 곱게 빻은 가루로서, 주로 약과, 단자, 주악, 수정과, 편류 등에 향신료로 사용한다. 이 가루는 병에 담아 밀봉해서 향기가 발산되지 않게 하고, 특히 습기가 없는 건조한 곳에 보관해야 한다.

8 조리용어

○ **그릴** : 가스 또는 숯의 열원으로 달궈진 무쇠로 직접 열을 가하여 조리하는 방법으로 재료 겉부분의 색상 및 즙을 보호할 수 있고 좋은 향을 얻을 수 있다.

○ **뇨키** : 이탈리아 대표 요리로 감자를 주재료로 하여 세 몰리나 밀가루를 여러 가지 형태로 반죽하여 조리하며, 우리나라의 수제비와 비슷하다.

○ **다이스** : 채소를 주사위처럼 사각형으로 써는 것으로, 일반적으로 가로×세로 1cm 크기이다. 스몰다이스는 0.5~0.6cm, 미디엄 다이스는 1~1.2cm, 라지 다이스는 1.5~2cm를 말한다.

○ **데글라세** : 육류나 채소 등을 볶고 나서 팬에 붙어 있는 잔여물에 와인이나 코냑, 스톡 등을 넣고 긁어서 소스 등으로 이용한다.

○ **데미글라스 소스** : 브라운 계열 소스의 대표적인 모체소스로 브라운 소스를 반으로 조린 것을 말한다.

○ **드레싱** : 드레스가 자연스럽게 흘러내린다는 의미로 샐러드의 풍미를 돋우기 위해 끼얹는 소스이다.

○ **라구소스** : 볼로네제 소스와 같은 의미로 불리며 이탈리 아의 전통적인 고기가 들어간 미트소스이다.

○ **라타투이** : '음식을 섞다, 휘젓다'의 뜻을 가지고 있으며 여러 가지 채소(양파, 가지, 호박, 피망, 토마토 등)에 올 리브 오일과 허브를 넣고 만드는 스튜이다.

○ **로스트** : 건식열 조리방법으로 오븐에서 육류나 가금류, 생선 등을 구워내는 조리 방법이다.

○ **리소토** : 쌀을 이용한 요리로 볶으면서 육수와 와인 등 을 조금씩 넣어가며 끓이는 이탈리아 전통음식이다. 볶 음밥보다 질고, 죽보다 되직하다.

○ **리오네즈 소스** : 양파가 많이 재배되는 프랑스 리옹의 지명에서 유래되었으며 브라 운 소스에 양파, 식초, 와인 등을 넣고 만드는 소스이다.

○ **마르게리타 피자** : 이탈리아 나폴리 지방의 대표적인 피자로 토마토와 모차렐라치즈, 바질 등을 이용하여 만드는 피자이다.

○ **머랭** : 달걀 흰자나 크림을 이용하여 거품을 일으키는 것을 의미한다.

○ **몽테** : 주로 오일이나 버터를 이용하여 소스의 농도를 조절하고 풍미를 높여주는 조리방법이다.

○ **미네스트로네** : 작게 자른 다양한 채소에 파스타나 쌀을 넣어 걸쭉하게 끓이는 이탈리아의 채소 수프이다.

○ **미르푸아** : 소스, 수프, 스톡 등의 풍미를 높이기 위해 양파, 당근, 셀러리, 월계수잎을 사용하는데 이를 지칭하는 말이다.

○ **배터** : 밀가루와 같은 반죽가루에 수분을 첨가하여 걸쭉하게 만드는 반죽이다. 튀김반죽, 팬케이크 반죽 등

○ **보일** : '삶거나 끓이다'라는 의미로 액체에서 재료를 익히는 방법이다.

○ **봉골레** : 이탈리아어로 조개를 뜻하며, 조개국물과 올리
  브 오일을 파스타에 넣어 조리하는 담백하고 깔끔한 맛
  으로 인기 있는 파스타 중 하나이다.

○ **부야베스** : 프랑스 마르세유 지방의 전통적인 요리로 생선, 해산물, 감자, 양파, 마
  늘, 새프런 등을 넣고 자작하게 끓인 수프이다.

○ **브루스케타** : 바게트 빵과 같은 납작한 빵 위에 치즈나
  과일, 채소 등을 소스에 양념하여 얹은 음식이다. 주로
  간식이나 리셉션, 술안주 등으로 이용한다.

○ **블랜치** : '데치다'라는 의미로 끓는 물에 짧은 시간 익혀내는 것이다.

○ **살사** : 스페인어로 '소스'라는 뜻이며 토마토 베이스에 매콤한 재료(할라페뇨 등), 허
  브 등을 첨가해서 주로 딥소스로 이용한다.

○ **샌드위치** : 카드게임을 좋아하는 영국의 백작 이름으로
  식사시간조차 아까워하는 백작을 위해 빵에 갖은 재료를
  넣고 만든 것에서 유래되었다. 다양한 빵에 다양한 식재
  료와 소스를 넣어 만든다.

○ **세그먼트** : 오렌지나 레몬의 껍질을 제거하고 과육만 도려내는 방법이다.

○ **셸** : '껍질' '껍데기'라는 뜻으로, 충전물을 넣는 반죽 모양을 말한다.

달콤한 브런치 창업

○ **소테** : 건식열 조리방법으로 고온으로 달구어진 팬에 식재료를 빠른 시간 내에 살짝 볶는 조리방법이다.

○ **수프** : 스톡에 재료를 넣고 끓여 양념한 것으로 다양한 식재료를 활용할 수 있다. 온도에 따라서는 뜨거운 수프와 차가운 수프로 구분하며, 농도에 따라서는 맑은 수프와 걸쭉한 수프로 구분한다.

○ **스웨이트** : 채소에서 나오는 수분이나 기름을 이용하여 약한 불에서 부드럽게 조리하는 것이다.

○ **스쿠프** : 아이스크림이나 과일 등을 동그란 모양으로 떠내는 기구를 말한다.

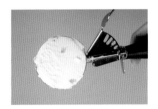

○ **스크램블** : 달걀을 저어가며 익히는 것을 의미한다.

○ **스킴** : 소스, 수프, 육수 조리 시 불순물과 거품을 제거하는 조리방법이다.

○ **스톡** : 육류, 생선, 채소, 뼈 등에 물을 붓고 우려낸 국물을 의미한다.

○ **스티헤인** : '거르다'라는 의미로 식재료를 체나 소창에 걸러내는 방법이다.

○ **스파게티** : '국수'와 비슷하며 세몰리나 밀가루를 이용한 파스타이다.

○ **스프레드** : 주로 빵에 소스를 바르는 행위를 의미한다.

○ **시머** : 비등점 이하의 낮은 온도에서 은근히 끓이는 방법이다. 소스나 육수를 조리할 때 사용한다.

○ **시저 샐러드** : 로메인 상추에 달걀과 안초비, 올리브 오일, 마늘 등을 넣은 드레싱으로 버무리는 샐러드이다.

○ **시즈닝** : '양념하다' '간하다'라는 의미를 가지고 있으며, 허브나 소금, 후추 등을 첨가하는 것을 뜻한다.

○ **아라비아타** : '화가 나다'라는 이탈리아어로 토마토 소스에 페페론치노를 넣어 맵게 만든 파스타 소스이다.

○ **아란치니** : 이탈리아의 '주먹밥'이라는 의미로 빵가루를 입혀 튀긴다.

○ **알덴테** : 파스타를 씹는 맛이 살아 있도록 삶는 것을 말한다.

달콤한 브런치 창업

○ **에그 베네딕트** : 잉글리시 머핀에 포치한 달걀을 올리고 홀랜다이즈 소스를 곁들여 먹는 조식 메뉴이다.

○ **에맹세** : 양파, 당근과 같은 채소를 얇게 저미는 것을 의미한다.

○ **오믈렛** : 대표적인 미국식 조식메뉴로 달걀을 스크램블 하여 타원형으로 말아 익히는 것을 말한다.(치즈, 버섯, 채소, 햄, 베이컨 등)

○ **웨지** : 채소 등을 브이(V)자 형태로 자르는 것을 말한다. (예 : 감자를 길게 8등분한 초승달 모양)

○ **제스트** : 오렌지나 레몬 껍질을 얇게 벗겨내는 것을 말한다. 제스터를 사용하면 편리 하며 음식의 향을 내기 위해 사용한다.

○ **쥘리엔** : 식재료를 0.3×0.3×6cm의 길이로 써는 방법이다.

○ **촙** : 아셰라고도 하며 식재료를 잘게 다지는 방법이다.

○ **치폴레 소스** : 훈연된 매운 고추를 사용하여 식초와 허브 등으로 만든 매운 소스로 주로 햄버거나 토르티야에 사용한다.

○ **카로차** : '튀기다'라는 뜻으로 빵에 치즈를 넣어 굽거나 튀긴 이탈리아 요리이다.

○ **카르보나라** : 파스타에 판체타와 달걀, 치즈, 통후추 등을 넣어 만든 이탈리아 전통 파스타이다. 클래식한 카르보나라 파스타에는 생크림을 넣지 않는다.

○ **카르토초** : 종이 주머니라는 이탈리아어로 생선에 채소와 허브 등을 넣고 유산지나 호일에 싸서 오븐에 굽는 요리이다.

○ **카프레제** : 토마토와 모차렐라치즈, 바질 등을 넣어 만들며 이탈리아 카프리섬에서 유래된 음식이다. 전채요리와 샐러드요리의 코스로 혼용해서 사용할 수 있다.

○ **캐러멜라이즈** : 조리 시 식재료에 설탕 등의 당성분을 활용하여 갈색이 될 때까지 가열하는 방법이다.

○ **커틀릿** : 육류나 가금류, 생선을 얇게 두들겨 빵가루를 입혀 기름에 튀기는 방법을 말한다.

○ **케사디야** : 멕시코 요리로 토르티야에 치즈와 다양한 식재료를 넣고 구워 반으로 접거나 한 장을 더 포개서 만든 음식이다.

○ **콥 샐러드** : 다양한 식재료(아보카도, 오이, 달걀, 토마토, 올리브, 가금류 등)를 이용하여 드레싱에 버무려 먹는 미국식 샐러드이다.

○ **콩피** : 오리나 거위고기와 같이 지방이 많은 고기를 자체에서 나오는 지방으로 약한 불에서 천천히 익히는 프랑스식 조리방법이다. 지방이 부족할 경우 올리브 오일에 같이 넣고 조리할 수도 있다.

○ **크레페 수제트**: 밀가루에 달걀, 우유 등을 반죽하여 얇게 부쳐 오렌지 소스에 끓인 프랑스식 디저트이다.

○ **크루통** : 빵을 자르고 버터를 바른 후에 굽거나, 기름에 튀겨 샐러드에 곁들이는 음식이다.

○ **타르트** : 셸에 충전물을 채워 구운 파이이다.

○ **토핑** : 요리에 소스를 끼얹거나 곁들이는 재료들을 마지막에 채운다는 의미이다.

○ **트리밍** : 육류와 가금류, 생선 등의 지방과 힘줄을 제거하는 작업을 뜻한다.

○ **파니니** : 이탈리아식 샌드위치로 빵 사이에 재료를 간 단하게 넣고 만든 샌드위치를 의미한다. 국내에서는 재 료를 꽉 채워 파니니 그릴에 구워 만드는 미국식 파니니 가 일반적이다.

○ **판나코타** : 생크림과 설탕, 바닐라에 젤라틴으로 굳힌 푸딩이다.

○ **페스토** : 가열하지 않고 재료를 블렌더에 갈거나 빻아서 만드는 소스이다. 대표적으로 바질 페스토가 유명하며 주재료의 풍미를 올려준다.

○ **포치** : 물이나 스톡을 비등점 이하에서 조리하는 방법이다. 끓임과 데침의 사이에서 이루어지는 조리방법이다.

○ **퓌레** : 다양한 채소나 곡물류 등을 삶아 걸쭉하게 만드는 것을 말한다. 이를 다시 농 축하면 페이스트가 된다.

○ **프리타타** : 달걀물에 육류, 가금류, 치즈, 채소 등을 넣고 익히는 이탈리아식 오믈렛이다.

○ **플랑베** : 재료 특유의 잡냄새를 제거하거나 소스에 높은 온도의 코냑이나 브랜디를 넣어 센 불에서 휘발시키는 방법이다. 좋지 않은 냄새를 없앨 수 있다.

○ **필** : 채소나 과일의 껍질을 벗기는 것을 말한다.

○ **필링** : 재료에 충전물을 채우는 것을 의미한다.

○ **홀랜다이즈 소스** : 네덜란드 소스라고도 하며 달걀 노른자에 버터와 버흐에센스를 중탕으로 조리하는 소스이다. 달걀, 생선, 채소에 어울린다.

○ **후무스** : 병아리콩을 으깨어 타히니, 올리브 오일, 레몬 즙 등을 넣어 만든다. 이집트와 중동 지역에서 전채요리나 피타의 딥소스 형태로 먹는다.

9 식재료 용어

○ **가람 마살라** : '매운 혼합물'이라는 뜻으로 계피, 카다몬, 커민, 후추 등의 다양하고 매콤한 허브를 섞어 놓은 향신료이다.

○ **가지** : 보라색의 껍질과 부드러운 식감이 특징이며, 동양뿐 아니라 서양요리에도 널리 활용되고 있다.

○ **감자** : 4대 식량작물인 쌀, 밀, 옥수수와 더불어 부식 재료로 쓰임새가 다양하며 삶거나 튀기거나 구워 먹기도 한다.

○ **감초** : 화한 맛과 단맛이 특징이며 음식뿐 아니라 한방 약재로도 널리 사용된다. 주로 아시아 지역에서 많이 사용한다.

○ **강황** : 생강과에 속하며 주로 카레요리에 많이 사용된다.

○ **겨자잎** : 특유의 향과 매운맛을 가지고 있으며 쌈 또는 샐러드의 재료로 활용된다.

○ **계피** : 후추, 정향과 함께 세계 3대 향신료라고 하며, 달고 매운맛이 들어 있어 주로 차나 육수, 조리, 한방재료에 활용한다.

○ **고르곤촐라 치즈** : 블루치즈로 이탈리아를 대표하는 치즈이다. 톡 쏘는 맛과 단맛이 특징이다. 고수 특유의 향이 있어 호불호가 갈린다. 고기의 누린내나 잡냄새를 없애고 소스를 만드는 데 사용한다. 주로 동남아시아와 중국에서 많이 사용한다.

○ **그라나 파다노** : 우유를 오랜 기간 숙성시켜 만든 초경질 치즈로 고소한 풍미와 식감이 좋아 서양요리에서 많이 사용한다.

○ **그뤼에르 치즈** : 스위스 치즈로 무살균 우유를 가열 압착하여 숙성시킨 하드치즈이다. 향이 강하고 짠맛과 부드러운 감촉이 특징이다.

○ **그린비타민** : 비타민이 풍부하고 식감이 좋은 채소로 주로 샐러드에 이용한다.

○ **깻잎** : 향이 강하고 부드러운 식감을 가지고 있으며, 쌈
이나 페스토, 토핑, 튀김, 절임 등의 요리에 활용한다.

○ **꿀** : 꿀벌이 꽃에서 빨아내어 축적한 감미료로 당분을
많이 함유하고 있어 설탕 대신 유용하게 쓰이는 고급 식
재료이다.

○ **너트맥** : 육두구로도 불리며 매콤하고 달콤한 향이 나
는 향신료이다.

○ **느타리버섯** : 세계적으로 분포하며 서양에서는 수프나
샐러드, 주요리 곁들임에 사용하고 국내에서는 국거리나
찬, 전골용으로 활용한다.

○ **단호박** : 단단한 껍질 속에 당도가 높은 과육을 가지고
있고 노화 억제와 성인병 예방에 좋다. 죽, 수프, 샐러드,
찜 등의 요리에 활용한다.

○ **달걀** : 단백질이 풍부하여 성장기 어린이나 운동선수들에게 도움이 되며 전 세계적으로 가장 많이 사용되는 식재료이기도 하다. 달걀을 이용한 음식은 무궁무진하다.

○ **닭가슴살** : 단백질이 풍부하고 지방이 적어 다이어트 음식으로 인기가 좋으며, 전 세계에서 요리재료로 널리 활용된다.

○ **당근** : 비타민 A의 황제라 불릴 정도로 영양소가 풍부하고 요리 재료로 널리 활용된다.

○ **대파** : 잎, 줄기, 뿌리까지 버릴 게 없을 정도로 각종 요리에 활용되고 있으며 면역력 강화와 콜레스테롤 조절에 효과가 좋은 재료이다.

○ **딜** : 주로 생선과 해산물 요리에 사용되며 상쾌한 향이 나는 허브이다.

달콤한 브런치 창업

○ **라즈베리** : 적색, 흑색, 자주색의 3종류가 있고 주로 적색을 재배한다. 디저트 재료로 활용하거나 잼, 술 등을 담근다.

○ **레몬** : 비타민 C와 구연산이 풍부하여 여성들이 좋아하는 재료이며 요리의 마리네이트, 음료, 화장품의 원료 등으로 활용된다.

○ **렌틸** : 렌즈 모양을 하고 있어 렌즈콩으로도 불리고 김치, 나토, 요구르트, 올리브를 포함하여 세계 5대 식품으로 불린다. 수프나 샐러드 등에 활용된다.

○ **로메인 상추** : 로마인들이 즐겨 먹던 상추로 일반 상추보다 쓴맛이 적고 아삭한 식감이 풍부하여 샐러드의 재료로 활용된다.

○ **로즈메리** : 강력한 아로마 향을 가지고 있으며 요리에 다양하게 활용되는 허브이다. 치료용이나 향수로도 활용되고 있다.

○ **롤라로사** : 이탈리아 상추로 적색을 띠며 곱슬곱슬한 모양을 하고 있다. 꽃상추와 유사하고 주로 샐러드 요리에 활용된다.

○ **루콜라** : 독특한 향을 가지고 있으며 이탈리아 요리에 많이 사용되는 채소로 샐러드나 피자 토핑 등에 활용된다.

○ **링귀네** : 파스타의 일종으로 스타게티를 눌러놓은 듯 납작한 모양이다.

○ **마늘** : 알싸한 맛과 향을 가지고 있으며 '알리신' 성분은 항암효과와 피로회복, 면역력 강화에 도움이 된다. 모든 요리에 널리 사용되는 재료이다.

○ **마스카르포네치즈** : 이탈리아에서 가장 유명한 크림치즈 중 하나로 유지방 함량이 높다. 이탈리아 디저트인 티라미수에 들어가는 것이 대표적이다.

○ **마요네즈** : 샐러드오일과 달걀 노른자, 식초 등을 이용하여 유화해서 만든 소스이다. 샌드위치나 소스에 널리 활용되는 재료이다.

○ **모시조개** : 타우린과 호박산을 함유하고 있어 시원하고 감칠맛이 나는 재료이다. 주로 스톡을 우려 조리하는 방법으로 많이 활용된다.

달콤한 브런치 창업

○ **모차렐라치즈** : 연질치즈로 이탈리아에서 리코타치즈와 더불어 가장 유명한 치즈이며 요리에의 활용도 또한 높은 편이다. 전채요리, 샌드위치, 피자 등에 활용한다.

○ **밀가루** : 단백질 함량에 따라 강력분, 중력분, 박력분으로 나뉘며 제과, 제빵 외에도 모든 요리에 활용되는 재료이다.

○ **바게트** : 밀가루에 물, 이스트, 소금을 조금 넣고 가늘고 길쭉한 모양으로 만든 뒤 껍질을 바삭하게 굽는 프랑스빵이다.

○ **바나나** : 비타민 A와 C가 풍부한 열대과일이다. 날로 먹거나 샐러드, 드레싱, 주스, 튀김 등의 재료로 사용된다.

○ **바닐라에센스** : 바닐라 향 성분을 알코올에 녹여 추출한 것으로 아이스크림이나 제과·제빵에 널리 사용된다.

○ **바질** : 이탈리아 요리에 주로 사용되며 부드러운 향이 좋아 페스토 소스, 차, 토핑 재료로 활용된다.

◦ **발사믹 식초** : 이탈리아 전통 식초로 포도즙을 나무통에 발효시켜서 만든 식초이다. 드레싱이나 소스 등에 활용한다.

◦ **발사믹 크림** : 발사믹 식초에 전분을 사용하여 걸쭉하게 만든 것이다.

◦ **방울토마토** : 일반 토마토보다 당도가 높고 영양이 높은 재료이다. 과일처럼 생것을 먹기도 하고 샐러드나 오븐구이, 소스에도 활용된다.

◦ **백포도주** : 청포도즙을 발효시켜 만든 것으로 신선하고 산뜻한 제품이 많으며 투명한 빛이 난다. 채소나 생선, 해산물요리에 활용된다.

◦ **버터** : 우유의 지방을 분리해서 크림이 되면 저어서 응고시킨 것이다. 버터는 요리에 풍미와 광택을 높여주고 소스의 질감을 좋게 한다.

◦ **베이컨** : 돼지고기의 삼겹살을 소금에 절여서 훈연법으로 조리한 것이다.

○ **베이크드빈** : 강낭콩과 토마토 등을 넣고 조리한 제품
이다.

○ **베이킹파우더** : 탄산수소나트륨과 전분을 혼합한 것으로 화학적 팽창제이다. 주로
빵의 반죽을 부풀게 만드는 데 이용한다.

○ **병아리콩** : 이집트콩이라고도 하며 병아리의 얼굴을 닮
았다고 하여 병아리콩으로 부른다. 중동지역의 주요 식
용작물로 밤과 같은 고소한 맛이 나는 것이 특징이다. 삶
거나 볶아서 조리하고 수프, 카레, 샐러드, 후무스 등에
활용한다.

○ **브라운 소스** : 미르푸아에 토마토 페이스트와 스톡, 루를 이용하여 만드는 소스이다.
주요리에 재료를 달리하여 활용된다.

○ **브로콜리** : 세계 10대 푸드(타임지 선정) 중 하나로 항
암식품이며 비타민 C가 풍부하여 피부건강과 감기 예방
에 효과적이다. 샐러드, 주요리 곁들임, 수프, 주스 등에
활용한다.

○ **빵가루** : 빵을 말려서 분쇄하여 가루로 만든 것을 말한
다. 튀김요리의 주재료에 입혀서 튀기면 바삭한 식감과
고소한 풍미를 높여준다.

○ **사워크림** : 생크림을 유산균으로 발효시켜 새콤한 맛이
나는 크림이다. 드레싱이나 빵의 스프레드로 활용된다.

○ **새송이버섯** : 큰 느타리버섯의 품종을 개량하여 새송이
라는 명칭으로 불린다. 식감과 수분이 풍부하여 다양한
요리에 활용된다.

○ **새프런** : 세계에서 가장 비싼 향신료라 불릴 정도로 고가이며 물에 잘 용해되어 천연
의 노란색 색소로 이용한다. 수프, 소스, 제과 · 제빵에 활용된다.

○ **생크림** : 우유에서 지방분을 분리한 크림으로 지방함량
에 따라 쓰임새가 다르게 활용된다. 소스, 수프, 아이스
크림, 버터, 제과 등에 활용된다.

○ **선 드라이 토마토** : 전통적으로 토마토를 잘라 자외선에서 장시간 건조해서 사용해
왔지만 최근에는 낮은 온도의 오븐에서 장시간 건조하여 오일, 허브 종류와 함께 저
장하여 활용되는 제품이다.

○ **설탕** : 사탕수수, 사탕무를 원료로 하여 만들어 달고 물
에 잘 녹는다.

달콤한 브런치 창업

○ **셀러리** : 미나리과의 식물로 잎과 줄기 부분을 사용한
다. 특유의 신선한 향이 좋으며 생으로 먹거나 즙, 부재
료(스톡, 수프, 소스)로 활용된다.

○ **소시지** : 육류나 가금류를 곱게 갈아 향신료와 부재료를
넣고 혼합하여 케이싱에 넣어 익힌 것이다.

○ **쇠고기 안심** : 쇠고기 부위 중에 가장 부드럽고 담백하며 지방이 적어 최고급 부위
로 구분된다.

○ **수삼** : 흔히 갓 수확한 인삼을 뜻하며 사포닌과 폴리페놀을 함유하고 있어 원기회
복과 면역력 증진에 효과적이다. 한방 음식이나 주스, 건강기능식품으로 활용된다.

○ **슈거파우더** : 설탕을 곱게 빻아 밀가루와 전분을 섞어
곱게 만든 가루설탕을 의미한다. 제과에 주로 활용된다.

○ **스위트 와인** : 당이 2% 이상 함유된 와인을 뜻한다.

○ **스위트콘** : 옥수수에 단맛을 첨가하여 가공한 제품이다.

○ **시금치** : 비타민과 철분, 식이섬유가 풍부한 녹황색 채
소로 남녀노소 모두에게 유익한 식재료이다. 샐러드, 조
식, 주요리 곁들임 등으로 활용되며, 천연 색소로도 활
용된다.

○ **식빵** : 밀가루에 효모를 넣고 반죽해서 구운 빵으로 토
스트, 샌드위치 등에 활용된다.

○ **식초** : 동서양을 막론하고 옛날부터 이용되었던 발효식품으로 식품의 방부제 역할을
하며 의약용으로도 다양하게 활용된다. 식욕을 증진시키고 피로회복에 도움을 준다.
소스, 드레싱, 절임에 주로 활용된다.

○ **씨겨자** : 겨자씨가 함유되어 있는 머스터드로 식초와 향신료를 첨가하여 만든 제품
이다.

○ **아몬드** : 단맛과 쓴맛의 두 종류가 있으며 제과 · 제빵 재
료와 요리의 토핑으로 많이 활용된다.

○ **아보카도** : 과육은 부드럽고 독특한 향기가 나며, 영양
가가 높은 과일로 알려져 있다. 소스나 샐러드, 샌드위
치, 아보카도 크림 등의 재료로 쓰인다.

○ **아스파라거스** : 숙취에 좋은 아스파라긴산이 풍부하며 담백하고 아삭한 식감이 특징이다. 생으로 섭취하거나 데치기, 굽기, 튀김 등으로 조리한다.

○ **안초비**: 청어과에 속하며 염도를 높여 저장하는 국내의 멸치젓과 비슷하다. 전채요리나 소스 등에 활용한다.

○ **알감자** : 일반 감자보다 3~4배 작으며 껍질이 얇으므로 깨끗이 씻어 껍질째 조리해서 섭취해도 된다. 주요리와 달걀요리의 곁들임 재료로 활용된다.

○ **애플민트** : 사과향과 박하향이 나며 소화불량과 피로회복에 효과가 있다. 육류, 생선, 달걀, 디저트 요리에 활용되며 비누나 목욕재료로 쓰인다.

○ **애호박** : 덜 자란 어린 호박으로 소화흡수와 치매예방, 두뇌개발의 효능이 있으며 수프, 주요리 등으로 쓰임새가 다양하다.

○ **양상추** : 통상추라고도 부르며 수분함량이 꽤 높고 단맛과 약간의 쓴맛이 특징이다. 주로 샐러드나 샌드위치에 사용한다.

○ **양송이버섯** : 식용버섯 중 가장 많이 재배되고 식이섬유와 비타민 D가 풍부해서 치즈와 함께 섭취하면 콜레스테롤을 저하시킨다. 생으로 먹거나 구워 먹고, 수프로 활용하기도 한다.

○ **양파** : 맵고 단맛이 나며 항산화 작용과 콜레스테롤 수치를 낮추는 효능이 있다. 모든 요리에 광범위하게 활용된다.

○ **어린잎** : 여러 가지 채소류의 잎이 다 자라지 않고 부드러울 때 수확하여 샐러드나 토핑 재료로 활용된다.

○ **연어** : 연어에는 비타민 A와 D가 풍부하며 단백질, 지방 등의 영양소가 많다. 고급 생선요리로 훈연하거나 굽거나 찌는 등의 다양한 활용방법이 있다.

○ **오레가노** : 톡 쏘는 박하향이 나는 향신료로 이탈리아 요리에 많이 활용되는 향신료이다. 특히, 토마토와 궁합이 좋아 토마토 소스에는 필수적인 재료이다.

○ **오렌지** : 감귤류에 속하는 과일로 두꺼운 껍질과 많은 즙을 가지고 있다. 생으로도 먹지만, 과피와 과육을 요리에 활용하기도 한다.

달콤한 브런치 창업

○ **오이** : 95%의 수분을 함유하고 있으며 시원한 맛과 청
   결한 맛이 특징이다. 주로 피클이나 샐러드로 활용된다.

○ **오이피클** : 물, 식초, 설탕, 향신료 등을 넣고 끓인 후 따
   뜻한 상태에서 오이를 넣고 절여 숙성시킨 후에 먹는 반
   찬 개념이다.

○ **올리브** : 심혈관계 질환과 암 예방, 피부미용, 노화방지
   에 도움을 주며 올리브 오일의 주원료이다. 토핑, 샐러
   드, 파스타, 드레싱, 소스, 절임 등에 다양하게 활용된다.

○ **올리브 오일** : 올리브 열매에서 압착법과 추출법을 이용
   하여 채유한 것이다. 마요네즈, 드레싱, 파스타, 피자 토
   핑 등으로 다양하게 활용된다.

○ **우스터 소스** : 식초와 타마린드, 고추, 설탕, 안초비 등을 넣고 조리하여 숙성시킨
   제품이다.

○ **우유** : 젖소의 젖샘에서 추출한 특유한 향미와 단맛을
   지닌 액체이다.

○ **월계수잎** : 월계수 나무의 잎으로 만든 향신료로 부케 가르니, 마리네이드, 스톡, 수프, 소스 등에 활용되는 향신료이다.

○ **이탤리언 파슬리**: 국내에서 주로 유통되는 곱슬곱슬한 파슬리는 컬리 파슬리라고 하며, 이탤리언 파슬리는 고수와 모양이 비슷하다. 주로 마리네이드나 음식을 돋보이게 하기 위해 토핑으로 활용된다.

○ **잉글리시 머핀** : 머핀보다 쫄깃하고 납작한 영국의 대표적인 빵으로 강력분에 물과 생이스트, 소금, 설탕, 마가린, 옥수수가루 등을 넣어 만든 둥글고 납작한 머핀이다. 조식으로 그냥 먹거나 달걀 등을 곁들여 먹는다.

○ **잣** : 실백이라고도 하며 통으로 사용하거나 갈아서 토핑으로 사용하기도 한다. 구워서 요리에 사용하면 고소한 풍미가 높아진다.

○ **적양배추** : 붉은색을 띠어 적채라고도 하며 위 건강에 좋은 효능이 있는 대표적인 채소이다. 주로 샐러드로 먹거나 환 등으로 활용한다.

○ **적포도주** : 과피와 종자, 과즙을 한꺼번에 오크통에 넣고 포도주 효모를 첨가하여 발효시킨 술이다. 요리에 다양하게 활용되고 있으며 특히, 소스에 많이 활용된다.

○ **전분** : 녹말이라고도 하며 옥수수, 감자, 고구마 등의 재료에서 추출하여 제조되며 액체의 농도를 조절하는 데 주로 사용된다. 최근에는 기능성을 위한 변성전분의 종류가 다양하게 개발되고 있다.

○ **정제버터** : 버터를 끓여 찌꺼기와 거품을 제거하고 걸러서 사용하는 것이다.

○ **채끝등심** : 쇠고기 등심 아랫부분에 안심을 에워싸고 있는 부위로 지방이 적고 열량이 다소 낮으며 쇠고기 본래의 맛을 느낄 수 있다. 주로 주요리인 스테이크에 활용된다.

○ **처빌** : 파슬리와 비슷하며 감미로운 향을 지니고 있다. 생선의 비린내 제거에 활용되며 수프, 소스 등에 쓰인다.

○ **체더 슬라이스 치즈** : 영국의 체더 지방에서 유래된 연질 치즈로 소비자들에게 인기가 많은 치즈 중 하나이다. 디저트 와인과 어울리며 샌드위치나 버거 종류의 토핑 재료로 활용된다.

○ **치아바타** : '슬리퍼'라는 뜻을 가진 이탈리아 빵으로 겉은 딱딱하고 속은 부드럽고 쫄깃하며 담백한 맛의 빵이다. 주로 올리브 오일과 발사믹 식초에 찍어 먹거나 샌드위치 번으로 사용하기도 한다.

○ **치커리** : 특유의 쓸쓸한 맛이 특징이고 모양과 색상에 따라 다른 맛이 난다. 쌈이나 샐러드용 채소로 활용된다.

○ **칠리파우더** : 매운맛이 나는 고추를 파우더 형태로 가공한 것이다.

○ **케이퍼** : 케이퍼의 꽃봉오리를 의미하며 주로 식초에 절여진 것을 활용한다. 육류와 생선 등의 요리에 쓰인다.

○ **크랜베리** : 작고 둥근 모양에 진한 적색을 띠고 있으며 잼이나 아이스크림, 디저트 소스, 처트니 등에 활용된다.

○ **크림치즈** : 크림을 첨가한 우유에 커드를 형성시켜 숙성되지 않은 신선한 치즈로 부드러운 풍미와 조직감이 특징이다. 주로 샌드위치 스프레드나 소스로 활용된다.

○ **타이거새우** : 호랑이처럼 붉고 흰 줄무늬를 가지고 있으며 일반 새우보다 훨씬 크다. 통으로 굽거나 삶고, 쪄서 조리한다.

달콤한 브런치 창업

○ **타임** : 요리의 잡냄새를 제거하고 풍미를 높이는 데 많이 사용되는 재료이며 항균작용이 뛰어나 차나 항생제로도 사용한다.

○ **타히니** : 참깨를 갈아 페이스트 형태로 만든 소스로 중동지역에서 많이 사용한다. 주로 후무스나 팔라펠 등에 풍미를 높이기 위해 사용한다.

○ **토르티야** : 멕시코 음식으로 밀가루와 옥수수가루로 반죽을 만들어 다양한 식재료를 싸서 먹는 음식이다.

○ **토마토** : 활용가치가 많은 채소로 노화를 방지하고 암 예방에 효능이 있다. 생으로 섭취하거나 끓이고, 굽거나 볶아서 조리한다. 소스, 주스의 활용에 좋다.

○ **토마토 페이스트** : 토마토 퓌레를 농축한 24% 이상의 고형분량을 말한다.

○ **토마토케첩** : 토마토에 토마토 퓌레를 농축시켜 설탕, 소금, 식초, 향신료 등의 재료를 첨가해서 만든 제품이다.

○ **통후추** : 후추나무의 열매에서 얻어지며 맵고 특이한 풍
   미와 향을 가지고 있어 육류나 생선의 좋지 않은 냄새를
   없앨 수 있다.

○ **트러플** : 프랑스의 3대 진미 중 하나로 고가의 식재료이
   며 강한 향을 가지고 있어 요리에는 소량만 사용한다. 소
   스, 리소토, 파스타 등에 이용한다.

○ **파르팔레** : 나비 모양과 비슷한 숏 파스타의 일종이다.

○ **파인애플** : 열대과일로 생으로 먹거나 구워서 먹고 주스
   등으로 활용한다.

○ **파프리카파우더** : 파프리카를 갈아 파우더 형태로 만
   든 제품이다. 근래에는 훈연 파프리카파우더를 사용하
   기도 한다.

○ **페이스트리 시트** : 밀가루 반죽에 버터를 층층으로 여러 겹 겹쳐 구운 제과 시트이
   다. 밀푀유나 타르트 셸로 사용된다.

달콤한 브런치 창업

○ **페투치니** : 국내의 칼국수 면과 비슷하며 넓적한 면의 파스타이다.

○ **페페론치노** : 이탈리아의 매운 고추를 의미한다. 이탈리아 요리에 매운맛을 내기 위해 사용한다.

○ **펜네** : 짧고 속이 비어 있는 원통형의 숏 파스타이다.

○ **표고버섯** : 향과 맛이 좋아 다양한 요리에 사용되며 분말로도 만들어 천연조미료로 사용된다.

○ **푸실리** : 나사모양의 숏 파스타이다.

○ **프렌치머스터드** : 옐로 머스터드, 디종 머스터드라고도 하며 겨잣가루에 소금과 식초 등을 섞어 만든 제품이다.

○ **프렌치프라이** : 감자를 막대 모양으로 잘라 기름에 튀긴 것이다.

○ **피망** : 비타민 C의 함량이 높고 아삭한 식감이 좋은 고추를 개량한 식재료이다. 생으로 섭취하기도 하고 굽거나 소스에 이용하기도 한다. 직화로 태워 껍질을 제거해서 요리에 활용하기도 한다.

○ **피타 브레드** : 밀가루에 이스트를 넣어 발효한 후 넓적한 원형으로 만든 빵으로 중동지역에서 즐겨 먹는다. 딥소스나 올리브 오일에 찍어 먹는다.

○ **할라페뇨** : 멕시코의 대표적인 매운 고추로 육질이 단단하며 식감이 좋다. 주로 피클형태로 가공되어 활용된다.

○ **핫소스**: 톡 쏘는 매운맛과 향이 나는 소스로 피자나 소스 조리 시에 활용되는 제품이다.

○ **호두** : 불포화지방산이 풍부하며 성장기 어린이의 두뇌건강과 피부에 좋은 재료이다. 주로 굽거나 튀겨 먹고 제과 · 제빵에 활용된다.

달콤한 브런치 창업

○ **호밀빵** : 호밀을 원료로 해서 만든 묵직한 느낌의 독일 전통빵이다.

○ **홍합** : 블랙과 그린 홍합이 있으며 암초에 붙어 서식한다. 스톡이나 스튜, 파스타 등의 요리에 활용된다.

○ **휘핑크림** : 낮은 온도에서 거품을 일으켜 케이크나 디저트의 곁들임으로 활용된다.

10 브런치 카페 창업절차

1. 일반음식점 신규 영업신고안내

- **영업신고 전에 확인할 사항(문의처 : 허가과)**

  1. 관련법 검토

     ① 건축물대장 발급

     ② 건축물 용도 : 허가과 건축허가팀

     ③ 하수처리장 연결 및 하수도원인자부담금 대상여부 환경사업소 하수도팀

     ④ ③번 미연결 시 오수처리시설 용량검토 : 환경보호과 수질생태관리팀

     ⑤ 국토의 계획 및 이용에 관한 법률 : 허가과 개발허가팀

  2. 영업신고할 시설물 검토

구분	시설기준
영업장	• 독립된 건물이거나 식품접객업 외의 용도로 사용되는 시설과 분리, 구획 또는 구분되어야 한다. (백화점 식당가에서 일반음식점 영업은 분리구획 제외) • 영업장 환풍기 설치(창문이 있어 자연환풍이 가능한 경우 제외) • 음향 및 반주시설이 있는 경우에는 방음장치 완비 • 무대시설 설치업소는 객석과 구분되게 설치하되 객실(방)에는 설치 안 됨

조리장	• 손님이 그 내부를 볼 수 있는 구조로 되어 있어야 함 • 바닥에 배수구가 있는 경우에는 덮개를 설치하여야 한다. • 조리 · 세척시설 · 폐기물용기(뚜껑,내수성재질) 설치 및 손 씻는 시설이 설치되어 있어야 함 • 열탕소독 및 자외선 또는 전기살균소독기가 설치되어야 함(살균. 소독제 가능) • 환풍기 설치 및 냉장 · 냉동시설(냉장고) 설치
급수시설	• 수돗물 또는 수질검사 적합한 지하수(취수원은 오염원의 영향을 받지 않아야 함)
화장실	• 정화조를 갖춘 수세식 화장실 설치(콘크리트 등으로 내수처리를 하여야 함) • 조리장에 영향을 미치지 아니하는 장소에 설치하여야 함 • 손을 씻을 수 있는 시설을 갖추어야 함
기타	• 「국민건강증진법」에 따라 전체 면적을 금연구역으로 지정하여 표시하여야 함 • 객실(방)에는 잠금장치를 설치하면 안 됨 • 영업장에는 손님이 이용할 수 있는 자막용 영상장치 또는 자동반주기를 설치하여서는 아니 됨 • 객실(방)에는 무대장치, 음향 및 반주시설, 우주볼 등의 특수조명 설치 안 됨

■ 구비서류

1. 교육필증(조리사, 영양사, 위생사 면허자 제외)

2. 지하수 사용 시 수질검사성적서

교육기관명	교육대상	교육사이트	비고
(사)한국외식업중앙회	신규	www.nfoodedu.or.kr	02-2232-7911
	기존	WWW.ifoodedu.or.kr	
(사)한국외식산업협회	신규	kofsia.or.kr	02-449-5009
	기존		

※ 수질검사는 공무원 입회하에 채수하여 적합판정을 받은 성적서를 제출

  (검사주기 : 전 항목 검사 2년마다, 간이검사 1년마다)

  – 검사수수료 : 전 항목 수수료 있음. 간이검사 수수료 있음

  – 검사기관 : 각 지자체 보건환경연구원 지점

• 취수원은 화장실, 쓰레기장, 동물사육장과 멀리 떨어져 있어야 함

3. 액화석유가스(LPG) 사용시설완성검사필증 1부(한국가스안전공사 : 1544-4500)

4. 안전시설등 완비증명서 1부{대상 : 지하 66㎡, 지상 2층 100㎡ 이상} (각 지자체 소방서)

5. 영업장 평면도 및 위치도 1부(영업신고 면적과 일치하여야 함)

6. 건강진단결과서(보건소) 1부

■ 수수료

1. 신규 : 수수료 있음   2. 면허세 : 수수료 있음 ⇒ 면적에 따라 차등 부과

■ 기타 : 간판에 영업신고한 상호(영문일 경우 한글과 혼용)와 업종 표기

식품접객업소 평면도

업소명 :   (작성예시)

조리장		m²	탈의실	m²
객실		m²	무도장	m²
객석		m²	기타	
화장실		m²	계	m²
급수 시설	수도, 지하수		화장실	전용, 공용
영업 형태			건물구분	자가, 임대
소독 시설	열탕소독, 자외선소독, 기타 ( )			

←2.5→   → 출입문 ←
화장실 2
                    ↑
객실   2.0m   객석
5.5m   ↓
←2.5m→
조리장   2.0
←2.5m→
←——— 6.0m ———→

※ 영업장 면적을 산출할 수 있도록 수치 기재(가로×세로)
  [출입문, 조리장, 객실, 객석, 화장실(영업장 내에 있을 때), 기타 등 기재]

업소위치도 (약도)

2. 식품제조가공업 영업등록 안내

■ "식품제조가공업"이란?

식품을 제조 · 가공하는 영업(유통 가능)

■ 영업등록 전에 확인할 사항

1. 관련법 검토

① 건축물대장 발급

② 수도법상 가능여부 : 수도사업소 수도행정팀

③ 건축물 용도(건축법상 가능여부) : 허가과 건축허가팀

④ 하수종말처리장 연결여부 및 하수도법상 가능여부 : 환경사업소 하수도팀

– 연결 안 되었을 때 오수처리시설검토(환경보호과 수질관리팀)

⑤ 폐수배출시설 대상여부 : 환경보호과 환경지도팀

(대기 · 환경보전법 및 수질 및 수생태계 보전에 관한 법률, 소음 · 진동관리법 배출

시설의 설치허가 또는 신고대상 제외 여부)

(제조방법 설명 및 사업계획서 제출 – 업종, 소재지, 설비현황, 폐수발생량 등)

⑥ 국토의 계획 및 이용에 관한 법률 : 종합민원과 개발허가팀

2. 제조방법설명서(제품명칭, 식품유형, 원재료 등 담당자 문의 후 결정할 것)

3. 지하수 사용 시 : 먹는 물 수질검사(인허가용으로 공무원 입회하에 채수)

4. 표시사항 사전검토 ⇒ 포장지 박스 등 제작 전에 견본 검토

5. 종사자(영업자 및 종업원) 건강진단 실시(보건증)

6. 시설기준

– 독립된 건물이거나 식품제조가공업소 외의 용도로 사용되는 시설과 분리되어야 함

– 작업장(가공실) : 바닥은 콘크리트 등으로 내수처리, 배수가 잘 되도록 내벽은 바닥

으로부터 1.5m까지 밝은 색의 내수성으로 설비

충분한 환기시설 갖추어야 함

방충시설(방충망), 방서시설(쥐 등이 드나드는 공간이 없어야 함)

– 식품취급시설 : 냉동 · 냉장시설 및 가열시설에는 온도계기 설치

− 급수시설(수도), 창고, 수세식 화장실(공용가능)

■ 구비서류

1. 영업신고서

2. 위생교육수료증(개인일 경우 대표자, 법인일 경우 위생관리책임자)

교육기관명	교육대상	교육사이트	운영기간
(사)한국식품산업협회	신규	kifa21.or.kr	365일
	기존	kifa21.or.kr	2월 말~12.31
(사)한국추출가공식품업중앙회 (추출의 경우)	신규	www.e-kemfa.or.kr	365일
	기존	www.e-kemfa.or.kr	3.1~12.30

3. 제조 · 가공하고자 하는 식품의 제조방법 설명(식품유형별로 작성) 및 사업계획서

4. 지하수 사용업소 수질검사(시험)성적서

5. 영업장 평면도 및 위치도(영업신고 면적과 일치하여야 함)

6. 건강진단결과서(보건소) (개인일 경우 대표자, 법인일 경우 위생관리책임자)

■ 수수료

1. 신규 신고 : 수수료 있음

2. 면허세 : 수수료 있음

[별지 제41호의2서식]

식품(   )영업등록신청서

접수번호		접수일자	발급일자	처리기간	3일

신청인	성명			주민등록번호	
	주소			전화번호	

신청사항	명칭(상호)	영업의 종류
	소재지	전화번호
	영업장 면적	

「식품위생법」 제37조제5항 및 같은 법 시행규칙 제43조의2제1항에 따라 위와 같이 영업등록을 신청합니다.

년   월   일

신청인   (서명 또는 인)

　00시장   귀하

신청인 제출서류	1. 교육이수증(「식품위생법」 제41조제2항에 따라 미리 교육을 받은 경우만 해당합니다) 2. 제조 · 가공하려는 식품 또는 식품첨가물의 종류 및 제조방법설명서(「식품위생법 시행령」 제21조제1호 또는 제3호에 따른 영업만 해당합니다) 3. 「먹는물관리법」에 따른 먹는물 수질검사기관이 발행한 수질검사(시험)성적서(수돗물이 아닌 지하수 등을 먹는 물 또는 식품등의 제조과정 등에 사용하는 경우만 해당합니다) 4. 삭제 〈2016. 6. 30.〉	수수료 있음 (수입인지 또는 수입증지)
담당 공무원 확인사항	1. 건축물대장 2. 토지이용계획확인서 3. 건강진단결과서(「식품위생법 시행규칙」 제49조에 따른 건강진단대상자의 경우만 해당합니다)	

행정정보 공동이용 동의서

본인은 이 건 업무처리와 관련하여 담당 공무원이 「전자정부법」 제36조에 따른 행정정보의 공동이용을 통하여 위의 담당 공무원 확인 사항을 확인하는 것에 동의합니다. * 동의하지 않는 경우에는 신청인이 직접 관련 서류를 제출해야 합니다.

신청인   (서명 또는 인)

유의사항

1. 영업등록을 하려는 자는 「식품위생법 시행규칙」 제43조의2에서 정한 사항 외에 해당 영업등록과 관련된 다음 법령에 위반되거나 저촉되는지 여부를 검토해야 합니다.
   - 「국토의 계획 및 이용에 관한 법률」, 「하수도법」, 「농지법」, 「학교보건법」, 「옥외광고물등 관리법」, 「하천법」, 「한강수계 상수원수질개선 및 주민지원 등에 관한 법률」, 「수질 및 수생태계 보전에 관한 법률」, 「소음 · 진동규제법」, 「관광진흥법」, 「학원의 설립 · 운영 및 과외교습에 관한 법률」, 「청소년보호법」, 「근로기준법」, 「산업집적활성화 및 공장설립에 관한 법률」, 「주차장법」, 「지방세법」 등 그 밖의 관련 법령
2. 등록한 영업을 폐업하는 때에는 영업의 폐업신고를 해야 합니다.

처리절차

신청서 작성	···	접수	···	검토	···	현장실사 및 시설조사	···	결재	···	등록증 발급
신청인		처리기관 : 지방식품의약품안전청, 특별자치시 · 특별자치도 · 시 · 군 · 구(식품영업허가 담당부서)								

210mm×297mm[일반용지 70g/㎡(재활용품)]

■ 제조방법설명서

업체명			
제품명		유형	

〈제조방법〉

공정명	제조방법 설명
▼	
▼	
▼	

※ 기재요령
- ○ 제조공정 순서에 따라 기재하고, 식품공전의 식품별 제조 · 가공 기준을 확인할 수 있도록 설명되어야 한다.
- ○ 2 이상 유형의 공정이 있는 경우 또는 다른 공정을 거쳐 생산된 원료가 투입되는 경우에는 각각 작성한다.
- ○ 가열, 살균, 멸균공정의 경우에는 온도, 시간 등 조건을 반드시 기재한다.
- ○ 추출공정은 추출용매를 반드시 기재한다.
- ○ 효소처리 공정은 반드시 사용한 효소의 종류를 기재한다.
- ○ 발효 또는 유산균 첨가제품은 공정단계를 명시하여야 한다.
- ○ 분해 · 중화 · 제거되어야 하는 식품첨가물을 사용한 경우 공정단계를 명시하여야 한다.

■ 제조방법설명서(예시안)

업체명	00식품		
제품명	오징어롤	유형	수산물가공품 (냉동 전 비가열제품)

〈제조방법〉

공정명	제조방법 설명
입고 · 보관	원부재료 운송차량(냉동 · 냉장차량)이 들어오면 운송차량의 온도 및 원부재료의 외관상태 등을 확인하고 정상제품만 해당창고에 입고 · 보관한다.
개포 · 해동	박스 해체 개포된 원물은 해동실로 입고. 10℃ 이하(냉장)에서 24시간 이내에 해동 후에는 5시간 이내에 사용하도록 한다.
전처리	해동된 어물은 각 어체별로 분리 전처리(두절, 할복) 및 내장, 지느러미 등 제거함
절단 · 포뜨기	전처리된 원물은 절단기를 이용하여 일정크기로 절단하거나 포뜨기 작업한다.
세척	전처리된 원물을 세척기에 투입하여 5분 이상 세척한다.
나열(성형)	세척된 원물을 겹쳐지지 않도록 나열 및 성형 후 이동선반에 넣는다.
급속동결	동결실의 온도 −35℃ 이하로 10시간 이상 동결하고 동결 후 품온은 −18℃ 이하 유지
탈팬	급속동결된 공정품(냉동어류, 냉동연체류)을 나열팬에서 분리하되 청결한 상태로 관리
그레이징	얼음물에서 2회 침지하여 얼음옷을 입힌다.(얼음물 온도는 1~3℃ 이하 유지)
계량 · 내포장	모든 제조공정이 끝난 공정품을 내포장재에 담고, 중량을 확인한 뒤 밀봉한다.
금속검출 · 외포장	포장된 제품을 컨베이어벨트에 올려 금속검출기를 통과 및 외포장한다.
보관 · 출하	외포장된 완제품은 냉동창고에 보관 적재한다.

식품 · 식품첨가물 품목제조보고서

※ 뒤쪽의 유의사항을 읽고 작성하여 주시기 바라며, [   ]에는 해당되는 곳에   √표를 합니다.

보고인	성명	생년월일(법인등록번호)
	주소	전화번호
		휴대전화
영업소	명칭(상호)	영업등록번호
	소재지	
제품정보	식품의 유형	요청하는 품목제조보고번호
	제품명	
	유통기한 제조일부터 일(월, 년) 품질유지기한 제조일부터 일(월, 년)	
	원재료명 또는 성분명 및 배합비율 뒤쪽에 기재	
	용도 용법	
	보관방법 및 포장재질	
	포장방법 및 포장단위	
	성상	
	품목의 특성 • 고열량 · 저영양 식품 해당 여부 [ ] 예 [ ] 아니오 [ ] 해당 없음 • 할랄인증 식품 해당 여부 [ ] 예 [ ] 아니오 • 영아 · 유아를 섭취대상으로 표시하여 판매하는 식품 해당 여부 [ ]예 [ ]아니오	
기타		

「식품위생법」 제37조제5항 및 같은 법 시행규칙 제45조제1항에 따라 식품(식품첨가물) 품목제조 사항을 보고합니다.

년   월   일

보고인   (서명 또는 인)

00시장   귀하

제출서류	1. 제조방법설명서 1부
	2. 「식품 · 의약품분야 시험 · 검사 등에 관한 법률」 제6조제3항제1호에 따라 식품의약품안전처장이
	   지정한 식품전문 시험 · 검사기관 또는 같은 조 제4항 단서에 따라 총리령으로 정하는 시험 · 검사
	   기관이 발급한 식품등의 한시적 기준 및 규격 검토서 1부
	3. 식품의약품안전처장이 정하여 고시한 방법에 따라 설정한 유통기한의 설정사유서 1부
	4. 할랄인증 식품 인증서 사본(할랄인증 식품의 표시 · 광고를 하는 경우만 해당합니다)

210mm×297mm[백상지 80g/㎡(재활용품)]

(원재료명 또는 성분명 및 배합비율)

No.	원재료명 또는 성분명	배합비율(%)	No.	원재료명 또는 성분명	배합비율(%)
1			16		
2			17		
3			18		
4			19		
5			20		
6			21		
7			22		
8			23		
9			24		
10			25		
11			26		
12			27		
13			28		
14			29		
15			30		

유의사항

1. 품목제조보고서는 제품생산의 개시 전이나 개시 후 7일 이내에 제출하여야 합니다.
2. 배합비율 표시는 식품공전 및 식품첨가물공전에 사용기준이 정하여져 있는 원재료 또는 성분의 경우만 해당합니다.
3. 영업자는 요청하는 품목제조보고번호가 이미 부여된 품목제조보고번호와 중복되는지를 관할 특별자치시장·특별자치도지사·시장·군수·구청장에게 확인하여야 합니다.

제조방법설명 및 사업계획서

○신청업소 현황

업종			
소재지			
대표자			
대표자			

○기계 및 기구현황

기계 및 기구	용량	수량	비고

○제조공정

식품군(식품유형)	

식품군(식품유형)	

○공정에 따른 폐수 배출량(1일 최대 작업량)
 − 폐수배출량 합계 :   L
 − 원료세척   :   L
 − 기계 및 기구세척 :   L

작성자   (인)

PART 2

실기편

과일 샐러드
Fruit Salad

재료*Material*

- 귤 1개
- 골드키위 1개
- 방울토마토 2개
- 체리 1개
- 용과 1/2개
- 블루베리 10알

오렌지 드레싱
- 오렌지 1개
- 올리브 오일 4T
- 식초 1t
- 레몬즙 1t
- 꿀 1T
- 소금 적당량

만드는 법*Cooking Method*

1 재료는 분량에 맞게 준비한다.

2 과일은 깨끗이 씻어 물기를 제거한다.

3 귤은 껍질을 제거한 후 송송 썰어준다.

4 키위와 용과는 큐브모양으로 썰어준다.

5 방울토마토는 반으로 잘라준다.

6 오렌지는 껍질을 제거하고 즙을 짜준다.

7 오렌지즙, 올리브 오일, 식초, 레몬즙, 꿀, 소금을 넣어 드레싱을 만든다.

8 접시에 귤, 키위, 방울토마토, 용과, 블루베리, 체리를 넣고 오렌지 드레싱을 올려 보기 좋게 완성한다.

TIP
- 과일 종류의 색깔이 다양하면 샐러드가 신선하고 맛있어 보인다.

곡물 샐러드
Grain Salad

재료 *Material*

- 양상추 200g
- 적채 100g
- 새싹채소 100g
- 아몬드 10개
- 캐슈넛 10개
- 피칸 5개

들깨 드레싱
- 들깻가루 2T
- 레몬즙 2T
- 올리고당 1T
- 마요네즈 1T
- 소금 적당량
- 설탕 적당량

만드는 법 *Cooking Method*

1 재료는 분량에 맞게 준비한다.

2 양상추와 적채는 물에 씻어 물기를 제거해 준다.

3 양상추와 적채는 먹기 좋게 잘라준다.

4 오븐에 아몬드, 캐슈넛, 피칸은 150℃에서 10분 정도 살짝 구워준다.

5 구워준 견과류는 식혀준다.

6 들깨 드레싱을 만들어준다.

7 그릇에 들깻가루, 레몬즙, 올리고당, 마요네즈, 소금, 설탕을 넣어 드레싱을 만든다.

8 접시에 양상추, 적채, 새싹채소, 아몬드, 캐슈넛, 피칸을 넣고 들깨 드레싱을 올려 보기 좋게 완성한다.

TIP
- 아몬드, 캐슈넛, 피칸은 열에 약한 영양소가 적기 때문에 가열해 볶아서 먹는 것이 소화 흡수에 좋고 고소한 맛도 증가한다.

달콤한 브런치 창업

연어 샐러드
Salmon Salad

재료 *Material*

- 훈제 연어 100g
- 양배추 200g
- 새싹채소 100g
- 소금 적당량
- 로즈메리 적당량

자몽 드레싱
- 자몽 1개
- 올리브 오일 1T
- 레몬즙 1/2T
- 식초 1T
- 꿀 1T
- 소금 적당량

만드는 법 *Cooking Method*

1 재료는 분량에 맞게 준비한다.

2 연어에 소금을 살짝 뿌려주고 로즈메리를 올려준다.

3 연어의 수분을 키친타월로 제거해 준다.

4 연어는 1.5×1.5cm 크기로 잘라 준비한다.

5 양배추는 1.5×1.5cm 크기로 잘라준다.

6 양배추와 새싹채소는 물에 씻어 물기를 제거해 준다.

7 자몽은 끓는 물에 식초를 넣고 살짝 데쳐준다.

8 데친 자몽은 반으로 잘라 속을 파내고 즙을 만들어 준다.

9 자몽즙, 올리브 오일, 레몬즙, 식초, 꿀, 소금을 넣어 드레싱을 만든다.

10 양배추, 연어, 새싹채소, 자몽 드레싱을 올려 보기좋게 완성한다.

TIP
- 자몽을 데치면 불순물과 잔여농약을 제거할 수 있고 껍질을 손쉽게 벗길 수 있다.
- 연어 비린내 제거를 위해 로즈메리를 올려준다.

닭가슴살 샐러드
Chicken Breast Salad

재료 *Material*

- 닭가슴살 100g
- 양상추 3잎
- 새싹채소 100g
- 물 4컵
- 월계수잎 3장
- 통후추 2t

레몬 드레싱
- 레몬즙 2T
- 올리브 오일 4T
- 꿀 1t
- 후춧가루 적당량
- 소금 적당량

만드는 법 *Cooking Method*

1 재료는 분량에 맞게 준비한다.

2 냄비에 물을 넣고 끓으면 월계수잎, 통후추, 닭가슴살을 익을 때까지 끓여준다.

3 닭가슴살을 꺼내 식혀준다.

4 식힌 닭가슴살을 먹기 좋게 잘 찢어준다.

5 양상추와 새싹채소는 씻어 찬물에 담가준다.

6 양상추와 새싹채소는 물기를 제거해 준다.

7 양상추는 5×5cm 크기로 손으로 찢어준다.

8 레몬즙, 올리브 오일, 꿀, 후춧가루, 소금을 섞어 레몬 드레싱을 만든다.

9 닭가슴살, 새싹채소, 레몬 드레싱을 올려 보기 좋게 완성한다.

TIP
- 양상추는 찬물에 담갔다 사용하면 아삭한 맛이 더해진다.

달콤한 브런치 창업

두부 샐러드
Tofu Salad

재료 *Material*

- 두부 120g
- 새싹채소 100g

머스터드 드레싱
- 머스터드 소스 30ml
- 올리브 오일 15ml
- 발사믹 식초 15ml
- 꿀 5ml
- 소금 적당량

만드는 법 *Cooking Method*

1 재료는 분량에 맞게 준비한다.

2 새싹채소는 씻어 물기를 제거해 준다.

3 두부는 물기를 제거해 준다.

4 두부는 2×2cm 크기로 잘라 준비한다.

5 머스터드 소스, 올리브 오일, 발사믹 식초, 꿀, 소금을 혼합하여 머스터드 드레싱을 만든다.

6 두부, 채소, 머스터드 드레싱을 올려 보기 좋게 완성한다.

TIP
- 올리브 오일과 발사믹 식초는 잘 섞이지 않으므로 많이 저어준다.
- 소스를 미리 뿌리면 채소가 숨이 죽고 수분이 생기기 때문에 먹기 직전에 드레싱 소스를 뿌려준다.

소고기 치즈 샐러드
Beef Cheese Salad

재료 *Material*

- 소고기 200g
- 파프리카 100g
- 당근 100g
- 호박 100g
- 큐브치즈 10개
- 블루베리 10개
- 식용유 1T
- 허브솔트 적당량

매실 드레싱
- 매실청 1T
- 청주 1T
- 레몬즙 1T
- 간장 1T
- 다진 마늘 1T
- 참기름 1T
- 올리브 오일 적당량
- 소금 적당량
- 후춧가루 적당량

만드는 법 *Cooking Method*

1 재료는 분량에 맞게 준비한다.

2 소고기는 핏물을 제거한다.

3 핏물을 제거한 소고기에 허브솔트를 뿌려 놓는다.

4 파프리카, 당근, 호박은 씻어 물기를 제거한다.

5 소고기, 파프리카, 당근, 호박은 큐브모양으로 썰어 준비한다.

6 프라이팬에 기름을 두르고 당근, 호박, 파프리카는 소금을 살짝 넣어 볶아준다.

7 프라이팬에 소고기를 기호에 맞게 맛있는 익힘으로 볶아준다.

8 매실청, 청주, 레몬즙, 간장, 다진 마늘, 참기름, 후춧가루를 섞어 매실 드레싱을 만든다.

9 접시에 소고기, 파프리카, 당근, 호박, 블루베리, 큐브치즈에 매실 드레싱을 올려 보기 좋게 완성한다.

TIP
- 소고기는 기호에 맞게 익혀주는 것이 좋다.

달콤한 브런치 창업

꼬치채소 샐러드
Skewered Vegetable

재료 *Material*

- 샐러드 200g
- 방울토마토 1개
- 체리 1개
- 당근 50g
- 노란 파프리카 100g

시금치 드레싱
- 시금치 80g
- 올리브 오일 4T
- 레몬즙 2T
- 발사믹 식초 2T
- 설탕 1/2t

만드는 법 *Cooking Method*

1 재료는 분량에 맞게 준비한다.

2 샐러드, 방울토마토, 체리, 당근, 파프리카는 씻어 물기를 제거한다.

3 샐러드, 당근, 노란 파프리카는 3×3cm 크기로 잘라 준비한다.

4 냄비에 물을 넣고 끓으면 시금치를 살짝 데쳐낸다

5 데친 시금치는 믹서기에 갈아준다.

6 꼬치에 준비한 채소를 하나씩 끼워준다.

7 갈아준 시금치, 올리브 오일, 레몬즙, 발사믹 식초, 설탕을 넣어 시금치 드레싱을 만든다.

8 접시에 꼬치채소를 올리고 시금치 드레싱을 곁들여 보기 좋게 완성한다.

TIP

- 시금치를 데칠 때 소금을 한 꼬집 넣으면 색이 더욱 선명해진다.

새우살 샐러드
Shrimp Salad

재료 *Material*

- 새우 5개
- 양배추 300g
- 새싹채소 100g

파인애플 드레싱
- 파인애플 1/4개
- 올리브 오일 1T
- 소금 1/3t
- 꿀 1.5T
- 식초 2T

만드는 법 *Cooking Method*

1 재료는 분량에 맞게 준비한다.

2 새우는 껍질 및 내장을 손질한다.

3 냄비에 물을 넣고 끓으면 새우를 데쳐내고 물기를 제거한다.

4 양배추, 새싹채소는 씻어 물기를 제거한다.

5 파인애플은 믹서기에 갈아준다.

6 파인애플, 올리브 오일, 소금, 꿀, 식초를 섞어 파인애플 드레싱을 만든다.

7 접시에 채소, 새우를 올려 파인애플 드레싱을 올려 보기 좋게 완성한다.

TIP · 파인애플은 신맛을 내는 구연산 성분으로 식욕을 증진시키고 피로 회복에 도움을 준다.

달콤한 브런치 창업

베이컨 인삼말이 샐러드
Bacon Ginseng Roll Salad

재료 *Material*

- 베이컨 6장
- 생삼 6뿌리
- 식용유 적당량

귤 드레싱
- 귤 1개
- 다진 양파 1T
- 민트잎 3장
- 화이트 와인식초 1T
- 올리브 오일 2T
- 설탕 1t
- 소금 적당량
- 후춧가루 적당량

만드는 법 *Cooking Method*

1 재료는 분량에 맞게 준비한다.

2 인삼은 깨끗이 씻어 물기를 제거한다.

3 베이컨을 준비한다.

4 베이컨에 생삼을 하나씩 놓고 돌돌 말아준다.

5 프라이팬에 베이컨 말이를 노릇하게 올려준다.

6 베이컨이 잘 익도록 앞뒤로 익혀준다.

7 귤은 껍질 제거 후 과육을 곱게 다진다.

8 민트잎은 곱게 썰어준다.

9 다진 귤, 다진 민트잎, 다진 양파, 화이트 와인식초, 올리브 오일, 설탕, 소금, 후춧가루를 넣고 귤 드레싱을 만든다.

10 베이컨 위에 귤 드레싱을 올려 보기 좋게 완성한다.

TIP

- 베이컨에서 기름이 나와 식용유를 따로 사용하지 않아도 된다.
- 베이컨이 풀릴 수 있으므로 꼬치로 고정시켜 구워주면 된다.
- 베이컨 인삼말이는 베이컨이 짭짤해서 따로 양념하지 않아도 된다.

초코머핀
Chocolate Muffins

재료 *Material*

- 박력분 250g
- 버터 150g
- 소금 2g
- 코코아파우더 30g
- 바닐라 익스트랙 5g
- 설탕 140g
- 달걀 3개
- 베이킹파우더 4g
- 우유 80g
- 초코칩 적당량

만드는 법 *Cooking Method*

1 재료는 분량에 맞게 준비한다.

2 믹싱볼에 버터를 넣어 거품기로 부드럽게 풀어준다.

3 부드럽게 풀어진 버터에 달걀, 설탕, 소금을 혼합하여 크림화를 시켜준다.

4 달걀을 2~3회 넣으면서 섞어준다.

5 가루재료(박력분, 코코아파우더, 베이킹파우더)를 체쳐서 준비한다.

6 크림화된 버터에 박력분, 코코아파우더, 베이킹파우더를 넣어 섞어준다.

7 우유와 바닐라 익스트랙, 초코칩을 넣어 골고루 섞어준다.

8 머핀틀에 유산지를 깔아준다.

9 짤주머니에 반죽을 담아준다.

10 머핀틀에 반죽을 70~80% 정도 채워준다.

11 예열한 오븐(온도 170℃, 시간 20~25분)에 구워준다.

12 초코머핀을 보기 좋게 완성한다.

TIP ✓ • 오븐에서 꺼낸 후 식혀준다.

달콤한 브런치 창업

찐빵
Steamed Bun

재료 *Material*

- 박력분 90g
- 강력분 23g
- 베이킹파우더 2g
- 이스트 3g
- 설탕 12g
- 소금 1.5g
- 무염버터 6g
- 물 65g
- 팥앙금 180g

만드는 법 *Cooking Method*

1 재료는 분량에 맞게 준비한다.

2 가루재료(박력분, 강력분, 베이킹파우더)를 체쳐서 준비한다.

3 믹싱볼에 박력분, 강력분, 베이킹파우더, 설탕, 이스트, 물, 소금을 넣고 혼합하여 1차 반죽을 한다.

4 1차 반죽이 한덩어리가 되면 버터를 넣고 2차 반죽을 한다.

5 2차 반죽은 50g으로 분할해 둥글리기를 해준다.

6 팥앙금은 40g으로 분할해 둥글게 만들어준다.

7 반죽은 밀대로 밀어 펴준 후 준비해 둔 팥앙금을 넣고 잘 오므려준다.

8 반죽이 마르지 않게 젖은 면포로 덮고 실온에서 40~50분간 발효해 준다.

9 찜기에 물이 끓으면 면포를 깔고 15~20분간 쪄준다.

10 찐빵을 보기 좋게 완성한다.

 TIP
- 발효를 많이 하면 겉면이 쭈글쭈글해진다.
- 찜기에 찔 때 뚜껑을 많이 열어보면 찐빵이 탱글탱글해지지 않는다.

생크림 크루아상
Fresh Cream Croissant

재료 *Material*

- 강력분 250g
- 버터(반죽용) 25g
- 물 135g
- 설탕 25g
- 드라이이스트 2g

- 소금 2g
- 충전용 버터 135g
- 생크림 300g
- 설탕 20g

만드는 법 *Cooking Method*

1 재료는 분량에 맞게 준비한다.

2 가루재료(강력분)를 체쳐서 준비한다.

3 강력분에 이스트, 설탕, 소금, 물을 넣어 1차 반죽한다.

4 1차 반죽이 한덩어리로 뭉쳐지면 버터를 넣고 잘 섞일 수 있도록 다시 2차 반죽을 한다.

5 2차 반죽이 매끈해지면 비닐을 덮어 냉장고에서 30분간 휴지하여 1차 발효를 한다.

6 냉장고에서 반죽을 꺼내 두께가 일정하고 모서리가 직각이 되도록 정사각형으로 밀어편다.

7 밀어편 반죽 위에 충전용 유지를 놓고 감싼 뒤 이음매를 잘 봉한다.

8 밀대로 반죽을 눌러 충전용 유지와 밀착시킨다.

9 충전용 유지를 감싼 반죽을 밀어펴면서 3겹 접기를 3회 실시한다.

10 반죽을 2~3cm 정도 두께로 밀어편 후 이등변삼각형으로 잘라 양옆으로 단단하게 말아준다.

11 반죽은 2차 발효(온도 28~32℃, 시간 20~30분)한다.

12 2차 발효가 끝나면 예열된 오븐(온도 200℃, 시간 20~30분)에 구워준다.

13 오븐에서 꺼낸 크루아상은 식혀준다.

14 생크림에 설탕을 넣고 단단할 정도로 80%쯤 휘핑해 준다.

15 생크림은 짤주머니에 넣어준다.

16 크루아상은 빵칼을 이용해 사선으로 칼집을 넣어 준다.

17 크루아상 빵에 생크림을 채워준다.

18 생크림 크루아상을 보기 좋게 완성한다.

TIP

- 크루아상은 오래 반죽하면 질어진다.
- 크루아상 반죽 후 초승달 모양으로 만든다.
- 충분히 예열한 후 고온에서 단시간 굽는다.
- 굽는 온도가 낮으면 반죽층 사이의 유지가 흘러나와 부피형성이 잘 안 된다.

달콤한 브런치 창업

도넛
Doughnut

재료 *Material*

- 박력분 150g
- 버터 125g
- 설탕 100g
- 슈거파우더 40g

- 달걀 3개
- 사워크림 90g
- 바닐라 오일 2방울

만드는 법 *Cooking Method*

1 재료는 분량에 맞게 준비한다.

2 가루재료(박력분)를 체쳐서 준비한다.

3 믹싱볼에 버터를 넣고 거품기로 부드럽게 풀어준다.

4 부드럽게 풀어진 버터에 설탕을 넣고 혼합하여 크림화를 시켜준다.

5 슈거파우더를 넣고 혼합하여 크림화를 시켜준다.

6 달걀은 2~3회 넣으면서 섞어주며 바닐라 오일을 넣고 반죽한다.

7 사워크림을 넣고 섞은 후 박력분을 넣어 고루 반죽한다.

8 도넛 오븐팬에 반죽을 70~80% 정도 채워준다.

9 예열된 오븐(온도 180℃, 20~25분)에 구워준다.

10 구운 도넛은 충분히 식혀준다.

11 도넛을 보기 좋게 완성한다.

TIP ✓
- 박력분은 덩어리가 생기지 않게 골고루 잘 섞어준다.
- 도넛이 완성되면 슈거파우더, 초코아이싱 등의 재료를 토핑으로 얹으면 된다.

버터 프레첼
Butter Pretzels

재료*Material*

- 강력분 300g
- 중력분 200g
- 설탕 5g
- 소금 8g
- 드라이이스트 10g
- 무염버터(반죽용) 40g
- 우유 270g
- 물 1000g
- 가성소다 50g
- 버터(속첨가용) 500g

만드는 법*Cooking Method*

1 재료는 분량에 맞게 준비한다.

2 가루재료(강력분, 중력분)를 체쳐서 준비한다.

3 강력분, 중력분, 소금, 드라이이스트, 설탕을 넣고 혼합하여 1분간 믹싱한다.

4 버터, 우유를 넣고 저속으로 10분간 반죽한다.

5 반죽을 120g씩 분할해 준다.

6 반죽을 전체적으로 균일한 두께로 만든 후 적당한 길이로 늘려준다.

7 반죽이 터질 수 있으니 반으로 접고 잘 꼬집어 봉합하여 준다.

8 냉장고에서 40분간 휴지시켜 준다.

9 냄비에 물, 가성소다를 넣고 끓여준다.

10 모양을 낸 반죽은 10분 정도 담근 후 건져낸다.

11 모양을 낸 반죽은 사선으로 커팅해 준다.

12 소금을 뿌려준다.

13 예열한 오븐(온도 200℃, 시간 20~30분)에 구워준다.

14 구운 프레첼은 충분히 식혀준다.

15 프레첼 옆면을 커팅하고 버터를 넣어준다.

16 버터 프레첼을 보기 좋게 완성한다.

TIP

- 가성소다에 물을 넣으면 안 되고, 물에 가성소다를 넣어 녹여줘야 한다.
- 재료가 차갑지 않으면 믹싱볼에 얼음물을 받쳐 믹싱해 준다.
- 길이가 너무 얇거나 뚱뚱하면 예쁜 프레첼이 안 나온다.
- 오븐에 넣었을 시 한쪽만 색이 나지 않게 중간에 팬을 한번 돌려준다.
- 펄소금이나 깨 등을 뿌려 구워줘도 된다. 버터, 앙금 등을 넣어 먹어도 맛있다.

달콤한 브런치 창업

닭가슴살을 곁들인 머핀
Muffin with Chicken Breast

재료 *Material*

- 박력분 160g
- 버터 70g
- 설탕 70g
- 달걀 1개
- 베이킹파우더 5g
- 소금 1g
- 우유 90g
- 닭가슴살 300g

만드는 법 *Cooking Method*

1 재료는 분량에 맞게 준비한다.

2 가루재료(박력분, 베이킹파우더)를 체쳐서 준비한다.

3 냄비에 물이 끓으면 닭가슴살을 익혀 식혀둔다.

4 닭가슴살은 찢어서 준비한다.

5 믹싱볼에 버터, 설탕, 소금을 넣어 섞어준다.

6 달걀은 3차례 나눠 섞어준다.

7 박력분, 베이킹파우더를 넣고 섞어준다.

8 우유를 2차례 나눠 반죽한다.

9 머핀틀에 반죽을 70~80% 정도 채워준다.

10 오븐(온도 180℃, 시간 20~25분)에 구워준다.

11 구운 머핀은 충분히 식혀준다.

12 머핀 위에 닭가슴살을 보기 좋게 완성한다.

TIP
- 버터가 분유색이 나고 설탕이 서걱거리지 않을 때까지 섞어준다.(크림화)
- 머핀틀에 채워 반죽을 넣으면 넘쳐서 모양이 흐트러진다.

귤 롤케이크
Tangerine Roll Cake

재료 *Material*

- 박력분 70g
- 베이킹파우더 1/4t
- 식용유 2t
- 꿀 1t
- 물 1t
- 소금 1/2t

- (A) 달걀 노른자 4개
   설탕 50g
- (B) 달걀 흰자 4개
   설탕 50g
- 생크림 200g
- 귤 2개

만드는 법 *Cooking Method*

1 재료는 분량에 맞게 준비한다.

2 가루재료(박력분, 베이킹파우더)를 체쳐서 준비한다.

3 달걀은 흰자와 노른자를 분리해 둔다.

4 믹싱볼에 (A) 달걀 노른자, 설탕, 소금, 꿀을 넣고 휘핑한다.

5 믹싱볼에 (B) 달걀 흰자를 넣고 설탕을 3회 넣으면서 휘핑하여 머랭을 만들어준다.

6 노른자 휘핑한 것에 (B) 머랭의 1/3을 덜어 섞어준다.

7 박력분, 베이킹파우더를 넣고 고무주걱으로 칼질하듯 머랭이 꺼지지 않게 저어준다.

8 물과 식용유를 넣고 섞어준다.

9 나머지 머랭을 나눠가며 반죽을 마무리해 준다.

10 팬에 유산지를 깔고 반죽을 부어 윗면을 고르게 정리하여 예열된 오븐(온도 160~170℃, 시간 15~20분)에 구워준다.

11 카스텔라는 충분히 식혀준다.

12 믹서기에 생크림, 설탕을 넣고 휘핑해 준다.

13 귤은 껍질을 제거한다.

14 카스텔라 위에 생크림을 넓게 펴 고루 올려준다.

15 귤이 터지지 않게 잘 말아준다.

16 롤케이크를 잘 커팅해 준다.

17 귤 롤케이크를 보기 좋게 완성한다.

TIP
- 오븐 온도 : 160~170℃
- 굽는 시간 : 15~20분
- 유산지로 김밥 말듯이 말아준다.
- 말아줄 때 터지지 않게 주의한다.

통밀에그 샌드위치
Whole Wheat Egg Sandwich

재료*Material*

- 통밀빵 2장
- 슬라이스햄 2장
- 양상추 2장
- 달걀 2개
- 홀 머스터드 적당량
- 버터 적당량

만드는 법*Cooking Method*

1 재료는 분량에 맞게 준비한다.
2 식빵은 한쪽 면에 버터를 바른 후 프라이팬에 살짝 익혀준다.
3 양상추를 씻어 물기를 제거한다.
4 프라이팬에 달걀을 풀어 구워서 준비한다.
5 프라이팬에 슬라이스햄을 살짝 구워서 준비한다.
6 식빵 위에 홀 머스터드 드레싱을 바른다.
7 식빵, 슬라이스햄, 양상추, 달걀, 식빵 순으로 올려준다.
8 샌드위치를 커팅해 준다.
9 통밀에그 샌드위치를 보기 좋게 완성한다.

TIP
✓ • 마요네즈를 함께 사용해도 좋다.

곡물채소 샌드위치
Grain Vegetable Sandwich

재료 *Material*

- 통밀빵 2장
- 노란 파프리카 2장
- 토마토 1개
- 양상추 2장
- 버터 적당량

만드는 법 *Cooking Method*

1 재료는 분량에 맞게 준비한다.

2 식빵은 한쪽 면에 버터를 바른다.

3 프라이팬에 식빵을 올려 살짝 구워준다.

4 양상추, 토마토, 파프리카는 씻어서 물기를 제거한다.

5 토마토는 0.5×0.5cm 정도 두께로 썰어서 준비한다.

6 파프리카는 0.5×0.5cm 정도 두께로 썰어서 준비한다.

7 식빵, 양상추, 토마토, 파프리카, 식빵 순으로 올려준다.

8 곡물 채소 샌드위치를 보기 좋게 완성한다.

TIP
- 버터를 적당히 발라 구워준다.

바게트 오픈 샌드위치
Baguette Open Sandwich

재료 *Material*

- 바게트 4장
- 베이컨 4장
- 골드키위 1개
- 감자 1개
- 허니머스터드 소스 30g

만드는 법 *Cooking Method*

1 재료는 분량에 맞게 준비한다.

2 감자는 씻어 세로로 4등분한 뒤 적당한 크기로 잘라 준비한다.

3 골드키위는 껍질을 제거하고 세로로 4등분하여 준비한다.

4 프라이팬에 바게트, 감자, 베이컨 순으로 구워준다.

5 바게트 한 면에 허니머스터드 소스를 넓게 펴 올려준다.

6 바게트 위에 골드키위, 베이컨, 감자 순으로 올려준다.

7 바게트 오픈 샌드위치를 보기 좋게 완성한다.

TIP ✓
- 바게트 위에 다양한 재료를 올려 만든 바게트 빵이다.

바게트 치즈 샌드위치
Baguette Cheese Sandwich

재료 *Material*

- 바게트 3장
- 치즈 3장
- 햄 3장

- 토마토 1개
- 버터 적당량

만드는 법 *Cooking Method*

1 재료는 분량에 맞게 준비한다.

2 토마토는 깨끗이 씻어 물기를 제거한다.

3 바게트 빵 양면에 버터를 바른다.

4 프라이팬이나 오븐에 바게트 빵을 노릇하게 구워준다.

5 토마토는 0.5×0.5cm 크기로 슬라이스한다.

6 바게트는 중간에 잘라 칼집을 내어준다.

7 바게트 빵 속에 치즈, 햄, 치즈 순으로 올려준다.

8 바게트는 먹기 좋은 크기로 잘라준다.

9 토마토를 깔고 바게트 치즈 샌드위치를 보기 좋게 완성
한다.

 TIP

• 소스를 활용하지 않아도 치즈, 햄에 충분한 풍미가 있어 담백한 맛을 느낄 수 있다.

바게트 치즈 퐁당
Baguette Cheese Fondant

재료 *Material*

- 바게트 2장
- 모차렐라치즈 300g
- 버터 1T
- 설탕 1t
- 토마토 소스 30g
- 파슬리가루 적당량

만드는 법 *Cooking Method*

1 재료는 분량에 맞게 준비한다.

2 냄비에 버터, 설탕을 넣고 중탕한다.

3 중탕한 버터는 바게트 빵 위에 골고루 발라준다.

4 토마토 소스를 골고루 발라준다.

5 모차렐라치즈를 골고루 올려준다.

6 파슬리가루를 뿌려준다.

7 오븐(온도 180℃, 시간 5~10분)에 구워준다.

8 구운 바게트는 충분히 식혀준다.

9 바게트를 보기 좋게 완성한다.

TIP
✓
- 먹기 직전 치즈가 녹도록 오븐에 살짝 구워준다.

소보로 생크림 샌드위치
Streusel Fresh Cream Sandwich

재료 *Material*

- 소보로빵 1개
- 생크림 250g
- 설탕 25g
- 청포도 3알
- 체리 3개

만드는 법 *Cooking Method*

1 재료는 분량에 맞게 준비한다.

2 생크림에 설탕을 넣고 단단할 정도로 휘핑해 준다.

3 소보로빵은 빵칼을 이용해 사선으로 칼집을 넣어준다.

4 청포도, 체리는 씨를 제거하고 4등분으로 잘라준다.

5 휘핑한 생크림에 청포도, 체리를 넣고 섞어준다.

6 소보로빵에 생크림을 채워준다.

7 소보로 생크림빵을 보기 좋게 완성한다.

TIP

• 생크림이 녹지 않도록 단단한 생크림을 사용한다.

달콤한 브런치 창업

백설기 샌드위치
Snow White Rice Cake Sandwich

재료*Material*

- 백설기떡 2모
- 슬라이스햄 1장
- 양배추 2장
- 버터 1t

만드는 법*Cooking Method*

1 재료는 분량에 맞게 준비한다.

2 양배추를 씻어 물기를 제거한다.

3 떡은 1.5×2.5×5cm 크기로 잘라준다.

4 떡 한쪽 면에 버터를 살짝 바른다.

5 떡, 양배추, 슬라이스햄, 떡 순으로 올려준다.

6 백설기 샌드위치를 보기 좋게 완성한다.

TIP

• 백설기떡은 두껍지 않게(가급적 얇게) 사용한다.

치킨 롱 햄버거
Chicken Long Hamburger

재료 *Material*

- 롱 햄버거빵 1개
- 토마토 1개
- 양상추 30g
- 크림 마요네즈 20g
- 닭가슴살 200g
- 달걀 1개
- 빵가루 적당량
- 소금 적당량
- 후춧가루 적당량
- 식용유 적당량

만드는 법 *Cooking Method*

1 재료는 분량에 맞게 준비한다.

2 양상추는 깨끗이 씻어 물기를 제거한다.

3 햄버거빵은 슬라이스한다.

4 프라이팬이나 오븐에 햄버거빵 안쪽 면을 노릇하게 구워낸다.

5 토마토는 0.5×0.5cm 두께로 잘라준다.

6 닭가슴살은 앞뒤로 칼집을 넣고 소금과 후춧가루로 간을 한다.

7 달걀은 흰자와 노른자가 충분히 섞이도록 풀어 놓는다.

8 손질한 닭가슴살은 밀가루→달걀물→빵가루 순으로 입히고 빵가루가 떨어지지 않도록 손바닥으로 누른다.

9 프라이팬이나 오븐(170~180℃ 온도)에 닭가슴살을 넣어 황금갈색이 나도록 튀겨준다.

10 종이타월 위에 올려 기름을 제거하고 식혀준다.

11 빵 한쪽 면에 크림 마요네즈를 발라준다.

12 튀긴 닭가슴살, 토마토, 양상추 순으로 올려준다.

13 햄버거를 보기 좋게 완성한다.

TIP

- 크림 마요제즈 활용 시에는 염도조절이 필요하다.

미니 햄버거
Mini Hamburger

재료 *Material*

- 햄버거빵 2개
- 다진 쇠고기 300g
- 양파 50g
- 셀러리 30g
- 양상추 2장
- 달걀 1개

- 버터 1t
- 빵가루 적당량
- 소금 적당량
- 후춧가루 적당량
- 식용유 적당량

만드는 법 *Cooking Method*

1 재료는 분량에 맞게 준비한다.

2 양파, 셀러리, 양상추는 깨끗이 씻어 물기를 제거한다.

3 햄버거빵은 반으로 잘라준다.

4 양파와 셀러리는 곱게 다진다.

5 프라이팬에 기름을 두르고 다진 양파, 셀러리를 볶아준다.

6 그릇에 다진 쇠고기, 양파, 셀러리, 달걀, 빵가루, 소금, 후춧가루를 넣고 끈기 있게 잘 섞은 후 1.5cm 정도 두께의 원형으로 만든다.

7 프라이팬이나 오븐에 식용유를 두르고 햄버거 패티를 익힌다.

8 햄버거빵 안쪽 면에 버터를 바른 후 프라이팬이나 오븐에 구워준다.

9 빵, 양상추, 햄버거 패티, 양파, 토마토, 빵 순으로 올려준다.

10 미니 햄버거를 보기 좋게 완성한다.

TIP
- 고기가 익으면 원래 크기보다 줄어든다.
- 불이 세면 겉만 타고 속은 익지 않으므로 한 면을 익힌 후 뒤집어서 뚜껑을 덮고 약불에서 익혀준다.

닭가슴살 햄버거
Chicken Breast Hamburger

재료 *Material*

- 햄버거빵 2개
- 닭가슴살 300g
- 상추 50g
- 오이 30g

- 빨간 파프리카 2장
- 버터 5g
- 월계수잎 3장

만드는 법 *Cooking Method*

1 재료는 분량에 맞게 준비한다.

2 상추, 오이, 파프리카를 깨끗이 씻어 물기를 제거한다.

3 햄버거빵은 반으로 잘라준다.

4 오이, 파프리카는 0.5×0.5cm 두께로 잘라준다.

5 냄비에 물을 넣어 끓으면 월계수잎을 넣고 닭가슴살을
   데쳐준다.

6 익혀진 닭가슴살은 손으로 찢어준다.

7 햄버거빵 안쪽 면에 버터를 바른 후 프라이팬이나 오븐
   에 구워준다.

8 빵, 상추, 오이, 파프리카, 닭가슴살, 빵 순으로 올려준다.

9 접시에 닭가슴살 햄버거를 올려 보기 좋게 완성한다.

TIP

• 닭가슴살을 익힐 때는 비린내를 제거하기 위해 월계수잎을 첨가하여 데친다.

달콤한 브런치 창업

불고기 치즈 햄버거
Bulgogi Cheese Hamburger

재료*Material*

- 햄버거빵 1개
- 다진 소고기 300g
- 상추 2장
- 토마토 1개
- 치즈 2장
- 버터 적당량

불고기양념
- 간장 1T
- 설탕 1/2t
- 마늘 1/2t

만드는 법*Cooking Method*

1 재료는 분량에 맞게 준비한다.

2 상추, 토마토는 씻어 물기를 제거한다.

3 햄버거빵은 반으로 잘라준다.

4 토마토는 0.5cm 두께로 둥글게 잘라둔다.

5 그릇에 다진 쇠고기, 간장, 설탕, 마늘을 넣고 양념을 한다.

6 양념한 고기는 적당한 크기로 둥글게 만들어준다.

7 프라이팬이나 오븐에 쇠고기 패티를 구워준다.

8 햄버거빵 안쪽 면에 버터를 바른 후 프라이팬이나 오븐에 구워준다.

9 빵, 쇠고기 패티, 치즈, 토마토, 상추, 빵 순으로 올려준다.

10 불고기 치즈 햄버거를 보기 좋게 완성한다.

11 프라이팬에 불고기를 넣어 수분이 거의 없도록 볶아준다.

12 빵, 상추, 치즈, 토마토, 불고기, 상추, 빵 순으로 올려준다.

13 불고기 치즈 햄버거를 보기 좋게 완성한다.

TIP
- 일반 가정에서 먹는 불고기에 채소와 치즈를 얹어 한 끼 식사로 가능하다.
- 불고기 활용 시에 수분이 거의 없도록 볶아준다.

증편
Steamed Fermented Rice Cake

재료 *Material*

- 멥쌀가루 500g
- 소금 1/2t
- 막걸리 1/2컵
- 따뜻한 물(40g)
- 생이스트 10g
- 설탕 1/2컵
- 식용유 1T

- 복분자잼 적당량
- 금귤잼 적당량
- 도라지잼 적당량

만드는 법 *Cooking Method*

1 재료는 분량에 맞게 준비한다.

2 멥쌀가루는 고운체에 내려준다.

3 따뜻한 물에 생이스트를 풀어준다.

4 뚜껑이 있는 투명 용기에 멥쌀가루, 막걸리, 이스트, 물, 설탕을 넣어 나무주걱으로 잘 섞은 다음 뚜껑을 덮어준다.

5 1차 발효(온도 40~50℃, 시간 2시간)는 2배가 될 때까지 한다.

6 1차 발효된 반죽은 증편틀에 기름을 바르고 반죽을 2/3 정도 담아 바닥을 탁탁 쳐서 공기를 뺀다.

7 2차 발효는 1차 발효로 부풀어 오른 반죽을 골고루 저어 공기를 뺀 후 다시 덮어(1시간) 부피가 3배 정도 될 때까지 발효한다.

8 사각 증편틀에 배분하여 넣어둔다.

9 찜통에 김을 올려 불을 끈 뒤 증편틀을 찜통에 넣고 잔열로 10분 정도 3차 발효한다.

10 반죽이 봉긋이 부풀어 오르면 센 불에 20분간 쪄준다.

11 불을 끄고 다시 10분 정도 뜸을 들여준다.

12 증편틀에서 2분 정도 식힌 후 꺼내준다.

13 증편에 잼을 올려 보기 좋게 완성한다.

TIP

- 막걸리는 효모가 살아 있는 생막걸리를 미지근한 온도로 사용한다.
- 용기의 뚜껑이 밀봉되지 않게 하거나 뚜껑 대신 랩을 씌워 작은 구멍을 내어 공기가 들어갈 수 있도록 한다.
- 고명으로 잼을 종류별로 올려 먹음직스럽게 담아 낸다.

달콤한 브런치 창업

약식
Sweet Rice with Nut and Jujubes

재료 *Material*

약식 양념

- 찹쌀 500g
- 소금물 300g
  (소금 1t + 물 1/3컵)
- 밤 3개
- 대추 5개
- 잣 1T

약식 양념
- 간장 1/2T
- 설탕 1T
- 계핏가루 1/2t
- 꿀 2T
- 참기름 2T
- 소금 1/2T
- 물 1/2컵

만드는 법 *Cooking Method*

1 재료는 분량에 맞게 준비한다.

2 찹쌀은 깨끗이 씻어 3시간 정도 물에 불려준다.

3 불린 찹쌀은 물기를 제거한다

4 찜통에 올려 약 40분 정도 1차로 애벌찌기를 하여 고두밥을 찐다.

5 소금물을 만들어 쌀에 끼얹은 후 위아래로 고루 섞어 버무려 놓는다.

6 밤은 껍질을 제거하고 4등분해 준다.

7 대추는 돌려깎기하여 4등분해 준다.

8 잣은 고깔을 제거한다.

9 분량의 설탕과 물을 넣고 약불에 끓여 캐러멜 소스를 만들어준다.

10 잘 만들진 캐러멜 소스에 계핏가루, 꿀, 참기름, 소금을 혼합하여 약식양념을 만든다.

11 찰밥이 뜨거울 때 큰 그릇에 쏟아 약식양념을 넣고 잘 섞어준다.

12 밤, 대추를 넣고 잘 섞어준다

13 찜통에 약식을 올려 중탕으로 30분 정도 2차로 쪄준다.

14 2차로 쪄진 약식에 잣을 섞어 버무려준다.

15 약식은 충분히 식혀 모양을 만들어준다.

16 약식을 보기 좋게 완성한다.

TIP
- 찹쌀은 처음 찔 때 잘 익어야 한다.
- 약식 양념에 대추고를 넣으면 더 깊은 맛을 낼 수 있다.
- 전기 압력밥솥을 이용해 밥하듯이 손쉽게 만들 수도 있다.
- 찹쌀에 울금가루, 녹차가루, 백년초가루 등을 넣어 만들어도 좋다.

떡갈비 떡볶이
Grilled Short Rib Patties & Stir-fried Rice Cake

재료 *Material*

	소고기 양념	떡볶이 양념
• 다진 소고기 200g	• 간장 3T	• 다시물 1컵
• 떡볶이떡 200g	• 설탕 2T	• 고추장 2T
• 양파 30g	• 다진 마늘 1T	• 올리고당 1T
• 대파 30g	• 생강즙 1t	• 설탕 1T
	• 검은깨 1t	
	• 맛술 1/2t	

만드는 법 *Cooking Method*

1 재료는 분량에 맞게 준비한다.

2 소고기는 핏물을 제거한다.

3 떡볶이떡은 씻어 물기를 제거한다.

4 양파, 대파는 다져서 준비한다.

5 소고기, 간장, 설탕, 다진 마늘, 생강즙, 양파, 대파, 검은 깨, 맛술을 넣고 많이 치대어준다.

6 고기 반죽은 둥근 모양으로 만들어준다.

7 프라이팬이나 오븐에 둥근 모양 떡갈비를 골고루 익혀준다.

8 냄비에 다시물, 고추장, 올리고당, 설탕을 넣어 양념장을 만들어준다.

9 양념장에 떡볶이떡을 넣고 기호에 맞게 잘 끓여준다.

10 떡이 말랑하게 익으면 떡갈비를 넣고 한번 더 끓여준다.

11 떡갈비 떡볶이를 보기 좋게 완성한다.

TIP
• 소고기를 많이 치대어야 공기도 빠지고 끈기가 있고 만들 때 더 잘 뭉쳐진다.

달콤한 브런치 창업

호떡
Pancake Stuffed with Brown Sugar

재료 *Material*

- 강력분 140g
- 박력분 100g
- 설탕 20g
- 소금 4g
- 이스트 4g
- 물 140g
- 식용유 100g
- 옥수수시럽 20g

호떡 소

- 땅콩 50g
- 호박씨 50g
- 흑설탕 100g
- 시나몬파우더 4g
- 전분 5g

만드는 법 *Cooking Method*

1 재료는 분량에 맞게 준비한다.

2 믹싱볼에 강력분, 박력분, 설탕, 소금, 이스트를 넣고 섞어준다.

3 ②에 물, 식용유, 옥수수시럽을 넣고 같이 섞어준다.

4 반죽을 래핑하여 30분간 실온에서 발효시켜 준다.

5 땅콩, 호박씨를 다져준다.

6 흑설탕, 시나몬파우더, 전분가루를 섞어서 준비한다.

7 발효가 다 되면 100g씩 분할한다.

8 반죽에 소를 넣어 속이 터지지 않도록 둥글게 만들어준다.

9 프라이팬에 기름을 넉넉히 두르고 호떡을 올려준다.

10 한쪽 면이 익으면 뒤집어서 납작하게 눌러 호떡 모양으로 만들어준다.

11 호떡을 보기 좋게 완성한다.

TIP

- 전 재료를 넣고 한덩어리가 될 때까지 반죽한다.
- 래핑 후 따뜻한 곳에서 발효한다.
- 기름을 넉넉히 두른 팬에서 구워준다.
- 전분은 호떡 소가 녹아 흐르는 것을 방지해 준다.

치즈 가래떡구이
Cheese Bar Rice Cake

재료 *Material*

- 가래떡 2줄
- 피자치즈 200g
- 파마산치즈 50g
- 파슬리가루 적당량
- 꿀 100g
- 버터 적당량

만드는 법 *Cooking Method*

1 재료는 분량에 맞게 준비한다.
2 꼬치에 가래떡을 꽂아서 준비한다.
3 프라이팬에 버터를 넣어 녹여준다.
4 가래떡을 올려 앞뒤로 노릇하게 구워낸다.
5 구운 떡 위에 꿀을 바른 후 피자치즈를 올려준다.
6 전자레인지에 3분 조리하여 피자치즈를 녹여준다.
7 파슬리가루와 파마산치즈가루를 뿌려준다.
8 치즈 가래떡구이를 보기 좋게 완성한다.

TIP

- 피자치즈 양은 조절해서 올려준다.
- 떡은 속까지 잘 익도록 구워준다.

달콤한 브런치 창업

오곡쿠키
Five Grains Cookies

재료*Material*

- 박력분 250g
- 버터 80g
- 흑설탕 80g
- 소금 2g
- 달걀 1개
- 베이킹파우더 1.5g

- 통밀 10g
- 아몬드 슬라이스 10g
- 호두분태 10g
- 해바라기씨 10g
- 건조 크랜베리 10g

만드는 법*Cooking Method*

1 재료는 분량에 맞게 준비한다.

2 가루재료(박력분, 베이킹파우더)는 체로 쳐준다.

3 믹싱볼에 버터, 흑설탕, 소금을 넣고 믹싱하여 크림상태로 만든다.

4 달걀을 넣고 믹싱하여 부드럽고 매끈한 크림상태로 만든다.

5 박력분, 베이킹파우더를 넣어 가볍게 섞어준다.

6 통밀, 아몬드 슬라이스, 호두분태, 해바라기씨, 크랜베리를 넣고 섞어준다.

7 반죽은 둥글고 긴 모양으로 만들어 래핑해 준다.

8 냉장고에서 30분 동안 휴지시켜 준다.

9 반죽 모양이 흐트러지지 않게 둥근 모양으로 성형하여 준다.

10 예열된 오븐(온도 180℃, 시간 15~20분)에 구워준다.

11 쿠키는 식혀준다.

12 오곡쿠키를 보기 좋게 완성한다.

TIP
- 밀가루가 보이지 않게 견과류가 잘 섞이도록 한덩어리로 잘 뭉쳐 혼합한다.

  굽기 : 180℃

  시간 : 15~20분

초코 마카롱
Chocolate Macaroon

재료 *Material*

마카롱 코크
- 아몬드파우더 200g
- 달걀 흰자 70g
- 슈거파우더 200g
- 코코아파우더 20g

가나슈 크림
- 생크림 250g
- 다크초콜릿 220g

만드는 법 *Cooking Method*

1 재료는 불량에 맞게 준비한다.

2 가루재료(아몬드파우더, 슈거파우더, 코코아파우더)는 체친다.

3 흰자를 넣어 거품을 내어준다.

4 설탕을 2~3회로 나누어 넣으면서 머랭을 만들어준다.

5 머랭에 체친 가루를 두세 번에 나눠 넣어가며 거품이 죽지 않게 섞어준다.

6 지름 1.3~1.5cm의 원형모양 깍지를 짤주머니에 끼우고 반죽을 담는다.

7 팬에 유산지 및 실리콘 패드를 깔고 지름 4.5~5cm 크기로 짜준다.

8 실온에서 40분~1시간 정도 건조시켜 준다.

9 예열해 놓은 오븐의 온도 120~130℃에서 11~13분간 구워준다.

10 가나슈 샌드크림을 만든다.
   - 냄비에 생크림을 넣고 끓여준다.
   - 다크초콜릿을 같이 넣어 섞어준다.
   - 냉장고에서 30분 정도 휴지한다.

11 코크를 꺼내 식혀준다.

12 코크에 가나슈 샌드크림을 넣고 샌드한다.

13 초코 마카롱을 보기 좋게 완성한다.

TIP
• 샌드크림을 만들 때 당도는 기호에 맞게 조절한다.

민트 마카롱
Mint Macaroon

재료 *Material*

마카롱 코크
- 아몬드파우더 70g
- 달걀 흰자 60g
- 설탕 50g
- 슈거파우더 70g
- 민트 익스트랙트 적당량
- 민트색 색소 적당량

버터크림
- 설탕 230g
- 물 80g
- 달걀 흰자 150g
- 무염버터 450g

만드는 법 *Cooking Method*

1 재료는 분량에 맞게 준비한다.

2 가루재료(아몬드파우더, 슈거파우더)는 체친다.

3 흰자를 넣어 거품을 내어준다.

4 설탕을 2~3회로 나누어 넣으면서 머랭을 만들어 준다.

5 민트 익스트랙트, 색소를 섞어 머랭이 단단해지기 전에 넣고 휘핑해 준다.

6 머랭에 체친 가루를 두세 번에 나눠 넣어가며 거품 이 죽지 않게 섞어준다.

7 지름 1.3~1.5cm의 원형모양 깍지를 짤주머니에 끼우고 반죽을 담는다.

8 팬에 유산지 및 실리콘 패드를 깔고 지름 4.5~5cm 크기로 짜준다.

9 실온에서 40분~1시간 정도 건조시켜 준다.

10 예열해 놓은 오븐의 온도 120~130℃에서 11~ 13분간 구워준다.

11 버터크림을 만든다.
   - 냄비에 물, 설탕을 넣고 약불에서 끓여준다.
   - 달걀 흰자는 머랭을 만들고 설탕물을 천천히 넣으면서 믹싱한다.
   - 버터를 넣어 믹싱한다.
   - 냉장고에서 30분 정도 휴지한다.

12 코크를 꺼내 식혀준다.

13 코크에 버터크림을 넣고 샌드한다.

14 민트 마카롱을 보기 좋게 완성한다.

TIP
✓ • 머랭을 만들 때 머랭이 가라앉지 않도록 유의한다.

소고기 스테이크
Beef Steak

재료 *Material*

- 소고기(스테이크용) 250g
- 파슬리가루 적당량
- 양파 1/2개
- 통마늘 1/2개
- 표고버섯 1개
- 새싹채소 100g

발사믹 드레싱
- 발사믹 식초 2T
- 올리브 오일 2T
- 다진 양파 1T
- 다진 마늘 1T
- 소금 적당량
- 후춧가루 적당량

만드는 법 *Cooking Method*

1 재료는 분량에 맞게 준비한다.

2 소고기는 소금과 후추로 밑간을 해준다.

3 올리브 오일에 30분 정도 재워준다.

4 새싹채소는 물에 씻어 물기를 제거해 준다.

5 양파는 둥근 모양이 되게 썰어준다.

6 프라이팬이나 오븐에 센 불로 익히다가 노릇해졌을 때 불을 약불로 해서 스테이크 고기를 익혀준다.

7 프라이팬이나 오븐에 양파, 통마늘, 표고버섯을 노릇하게 구워준다.

8 발사믹 드레싱(발사믹 식초, 올리브 오일, 다진 양파, 다진 마늘, 소금, 후춧가루)을 만들어준다.

9 접시에 소고기 스테이크를 담고 구운 양파, 통마늘, 표고버섯을 담는다.

10 발사믹 드레싱을 곁들이고 파슬리가루를 뿌려 보기 좋게 완성한다.

TIP ✓
- 스테이크 고기는 취향에 따라 익혀준다.

삼겹살 훈제 스테이크
Pork Belly Smoked Steak

재료 *Material*

- 통삼겹살 300g
- 파인애플 1개
- 통마늘 1/2개
- 셀러리 3줄기
- 소금 적당량

간장 드레싱
- 간장 4T
- 월계수잎 2잎
- 올리브 오일 2T
- 오레가노 적당량
- 후춧가루 적당량
- 다진 마늘 1T
- 생강즙 1T
- 전분가루 1T
- 소금 적당량
- 물 1T

만드는 법 *Cooking Method*

1 재료는 분량에 맞게 준비한다.

2 통 생삼겹살에 소금을 뿌려 하루 동안 냉장고에 재워둔다.

3 재워둔 삼겹살 고기는 상온상태로 만든다.

4 오븐을 200℃로 예열한다.

5 고기는 삼겹살 지방부분이 위로 오게 하여 오븐에 넣어준다.

6 3시간 정도 구워준다.

7 겉면이 노릇해지면 꺼내 먹기 좋게 잘라 프라이팬에 노릇하게 구워준다.

8 프라이팬이나 오븐에 파인애플과 통마늘을 노릇하게 구워준다.

9 셀러리는 씻어서 물기를 제거한 후 적당한 크기로 잘라준다.

10 간장 드레싱을 만들어준다.

11 냄비에 간장, 월계수잎, 올리브 오일, 오레가노, 다진 마늘, 생강즙, 후춧가루, 소금을 넣고 끓여준다.

12 전분가루를 넣고 조려 간장 드레싱을 완성한다.

13 셀러리를 깔고 삼겹살 훈제 스테이크, 파인애들, 통마늘, 간장 드레싱을 곁들여 완성한다.

TIP
- 훈제향이 깊게 배어 풍미가 있다.
- 씹을 때 육즙이 생겨 더욱 맛있다.

치킨 스테이크
Chicken Steak

재료 *Material*

- 닭가슴살 2개
- 올리브 오일 적당량
- 허브솔트 적당량
- 파슬리가루 적당량

소스
- 스테이크 소스 1/2컵
- 케첩 2스푼
- 다진 마늘 1스푼
- 다진 양파 1/8개
- 쌀엿 1스푼
- 물 180g

만드는 법 *Cooking Method*

1 재료는 분량에 맞게 준비한다.

2 닭가슴살에 올리브 오일을 발라준다.

3 허브솔트와 파슬리가루를 뿌려 밑간을 해준다.

4 프라이팬이나 오븐에 넣어 약불로 속까지 익혀준다.

5 냄비에 소스 재료(스테이크 소스, 케첩, 다진 마늘, 다진 양파, 쌀엿, 물)를 넣고 끓여준다.

6 약불로 조려주면서 걸쭉한 정도의 상태가 되면 불을 끄고 체에 걸러준다.

7 구워진 치킨 스테이크를 담고 소스를 함께 곁들여 완성한다.

TIP
- 소스는 약불에서 잘 조려야 깊은 맛이 난다.

달콤한 브런치 창업

두부 스테이크
Tofu Steak

재료 *Material*

- 두부 1모
- 소금 4g
- 전분가루 적당량
- 식용유 적당량
- 양파 1/4개
- 홍피망 1/4개
- 청피망 1/4개

두부 흑임자 드레싱
- 으깬 두부 50g
- 두유 15ml
- 흑임자가루 10g
- 소금 3g
- 후춧가루 적당량

만드는 법 *Cooking Method*

1 재료는 분량에 맞게 준비한다.

2 양파. 홍 · 청 파프리카는 0.5×0.5cm 정도 두께로 썰어서 준비한다.

3 두부는 사방 2×2cm 정도 두께로 썰어서 준비한다.

4 두부는 물기 제거 후 소금으로 밑간을 해준다.

5 두부에 녹말가루를 묻힌 후 프라이팬에 노릇하게 구워낸다.

6 프라이팬에 양파, 청 · 홍 파프리카를 넣어 볶아준다.

7 두부 흑임자 드레싱은 으깬 두부, 두유, 흑임자가루, 소금, 후춧가루를 혼합하여 만든다.

8 두부 위에 볶은 채소, 흑임자 드레싱을 올려 보기 좋게 완성한다.

TIP
- 두부는 단단한 두부나 연두부 중에서 택일하여 기호에 맞게 즐긴다.

완자꼬치 스테이크
Steak Skewers a Kind of Wonton

재료 *Material*

- 다진 돼지고기 150g
- 다진 소고기 150g
- 다진 양파 2큰술
- 다진 마늘 1/2큰술
- 다진 대파 1/2뿌리
- 달걀 1개
- 전분가루 1/2컵
- 식용유 적당량
- 소금 적당량
- 후춧가루 적당량

고추장 소스
- 고추장 2T
- 간장 1/2T
- 설탕 2T
- 조청 2T
- 고운 고춧가루 1T
- 물 6큰술

만드는 법 *Cooking Method*

1 재료는 분량에 맞게 준비한다.

2 다진 돼지고기와 소고기에 다진 마늘, 다진 대파, 소금과 후춧가루로 간을 한다.

3 고기를 손으로 치대어 반죽을 만든다.

4 3~4cm 크기의 완자모양으로 동그랗게 빚어준다.

5 고기완자를 전분가루로 옷을 입힌 후 달걀 노른자에 충분히 묻힌 다음 170~180℃에서 두 번 튀겨낸다.

6 냄비에 식용유를 두르고 다진 양파를 볶다가 준비한 고추장 소스 재료를 모두 넣고 은근하게 끓인다.

7 고추장 소스에 완자를 넣고 조린다.

8 완자꼬치 스테이크를 올려 보기 좋게 완성한다.

새우 스테이크
Shrimp Steak

재료 *Material*

- 새우살 200g
- 감자(중) 1개
- 달걀 1개
- 전분가루 1t
- 빵가루 1/2컵
- 소금 적당량
- 후춧가루 적당량
- 식용유 적당량

키위 드레싱

- 키위 1개
- 요구르트 2T
- 꿀 1T

만드는 법 *Cooking Method*

1 재료는 분량에 맞게 준비한다.

2 새우살은 머리와 꼬리를 떼내고 내장을 빼 깨끗이 씻어 준비한다.

3 감자는 깨끗이 손질하여 강판에 갈아준다.

4 강판에 간 감자는 면포에 짜서 물기를 제거한다.

5 새우살은 칼로 다지거나 믹서기에 갈아 준비한다.

6 새우살, 감자, 소금, 후춧가루를 넣고 잘 섞어준다.

7 둥근 모양으로 만들어준다.

8 전분가루, 달걀물, 빵가루 순으로 묻혀 170℃에서 튀겨준다.

9 튀겨낸 새우는 식혀준다.

10 키위는 껍질을 제거한다.

11 믹서에 키위, 요구르트, 꿀을 넣고 갈아 키위 드레싱을 만든다.

12 새우 스테이크에 키위 드레싱을 곁들여 보기 좋게 완성한다.

TIP ✓ • 새우살이 적당히 씹히도록 다져주면 식감이 더욱 좋아진다.

연어 스테이크
Salmon Steak

재료 *Material*

- 연어 200g
- 레몬 1/2큰술
- 로즈메리 적당량
- 파슬리가루 적당량
- 올리브 오일 적당량
- 후춧가루 적당량
- 소금 적당량

갈릭소스
- 깐 마늘 1컵
- 페페론치노 4개
- 올리브 오일 1/2컵
- 소금 적당량
- 후춧가루 적당량

만드는 법 *Cooking Method*

1 재료는 분량에 맞게 준비한다.
2 연어 윗면에 올리브 오일을 살짝 바르고 로즈메리, 레몬 즙을 뿌려준다.
3 소금과 후춧가루를 뿌려 간을 한다.
4 예열된 프라이팬이나 오븐에 연어를 구워준다.
5 프라이팬에 올리브 오일을 두르고 양파를 노릇하게 익혀준다.
6 갈릭소스를 만든다.
7 깐 마늘은 편으로 썰어 준비한다.
8 프라이팬에 올리브 오일, 편으로 썬 마늘을 넣고 끓으면 약불로 줄여준다.
9 마늘이 노릇하게 익으면 페페론치노를 넣어 잘 섞어준다.
10 소금, 후춧가루로 간을 한 후 불을 끄고 식혀준다.
11 믹서기에 넣고 소스를 갈아 완성한다.
12 연어 스테이크에 파슬리가루, 갈릭소스를 곁들여 먹음직스럽게 완성한다.

TIP ✓
- 연어가 타지 않도록 부드럽게 익혀준다.
- 소스는 중불에서 끓여준다.

달콤한 브런치 창업

관자 스테이크
The Adductor Muscle Steak

재료 *Material*

- 관자 4개
- 마늘 2개
- 버터 적당량
- 소금 적당량

오미자 소스
- 오미자 20g
- 물 1컵
- 꿀 1T
- 생크림 1/2컵
- 소금 1t
- 후춧가루 적당량

만드는 법 *Cooking Method*

1 재료는 분량에 맞게 준비한다.

2 관자에 소금 간을 해준다.

3 마늘은 편으로 썰어 준비한다.

4 프라이팬에 버터를 넣고 마늘을 먼저 볶아낸다.

5 프라이팬에 관자를 올려 마늘향이 나게 살짝 익혀 준비한다.

6 오미자 소스를 만든다.

7 냄비에 오미자, 물, 꿀, 생크림, 소금, 후춧가루를 넣고 약불에 졸여 오미자 소스를 만든다.

8 관자에 오미자 소스를 곁들여 보기 좋게 완성한다.

TIP
- 관자는 오래 익히면 질겨지므로 살짝만 익혀준다.
- 오미자 소스는 원하는 농도에 맞게 졸여주면 된다.

크림 먹물 스파게티
Cream Ink Spaghetti

재료 *Material*

- 먹물 스파게티면 250g
- 양파 30g
- 새우 7마리
- 조개 7개
- 밀가루 1T

크림소스

- 우유 150g
- 생크림 120g
- 버터 적당량
- 올리브 오일 적당량
- 파마산치즈가루 적당량
- 소금 적당량
- 후춧가루 적당량
- 파슬리가루 적당량

만드는 법 *Cooking Method*

1 재료를 분량에 맞게 준비한다.

2 양파는 곱게 다져준다.

3 새우는 껍질과 내장을 제거하고 손질한다.

4 조개는 소금물에 해감해 씻은 후 물기를 제거한다.

5 냄비에 물 3컵을 넣고 소금을 한 꼬집 넣어 끓여준다.

6 스파게티면을 넣고 8~10분 정도 삶아 물기를 제거한다.

7 프라이팬에 오일을 두르고 양파, 새우, 조개를 넣어 볶아준다.

8 프라이팬에 버터를 넣어 녹으면 밀가루 1T을 넣어 볶아준다.

9 우유를 천천히 부어가며 섞어준다.

10 생크림을 넣어 살짝 끓여준다.

11 볶은 양파, 새우, 조개를 넣어 한번 더 끓여준다.

12 삶아낸 스파게티면에 크림소스를 넣고 잘 섞어준다.

13 소금과 후춧가루로 간을 하고 치즈가루나 파슬리가루를 뿌려준다.

14 크림 먹물 스파게티를 보기 좋게 완성한다.

TIP
- 삶은 스파게티면은 헹구지 않는다.

달콤한 브런치 창업

아보카도 스파게티
Avocado Spaghetti

재료 *Material*

- 스파게티면 80g
- 아보카도 1개
- 마늘 1통
- 양송이버섯 2개
- 파마산치즈가루 적당량
- 올리브 오일 적당량

아보카도 소스

- 레몬즙 2T
- 올리브 오일 2T
- 설탕 1ts
- 소금 적당량
- 후춧가루 적당량

만드는 법 *Cooking Method*

1 재료를 분량에 맞게 준비한다.

2 냄비에 물 3컵을 넣고 소금을 한 꼬집 넣어 끓여준다.

3 스파게티면을 넣고 8~10분 정도 삶아 물기를 제거한다.

4 마늘과 양송이버섯은 편으로 썰어 준비한다.

5 프라이팬에 올리브 오일을 두르고 마늘과 양송이버섯을 넣고 볶아준다.

6 아보카도 소스를 만든다.

7 아보카도는 씨와 껍질을 제거한 후 그릇에 담아 으깬다.

8 아보카도에 레몬즙, 올리브 오일, 설탕, 소금, 후춧가루를 넣고 고루 섞어준다.

9 파스타면과 아보카도 소스를 넣어 고루 잘 섞어준다.

10 아보카도 스파게티 위에 파마산치즈가루를 올려 보기 좋게 완성한다.

TIP
- 아보카도 소스를 만들 때 레몬즙을 과다하게 첨가하지 않도록 한다.

토마토 스파게티
Tomato Spaghetti

재료 *Material*

- 스파게티면 200g

토마토 소스
- 토마토 500g
- 양파 1/4개
- 마늘 2개
- 올리브 오일 1T
- 베이컨 2줄
- 후춧가루 적당량
- 소금 적당량

만드는 법 *Cooking Method*

1 재료를 분량에 맞게 준비한다.

2 냄비에 물 3컵과 소금 한 꼬집을 넣어 끓여준다.

3 스파게티면을 넣고 8~10분 정도 삶아 물기를 제거한다.

4 토마토 소스를 만든다.

5 마늘을 얇게 썰어 준비한다.

6 양파는 곱게 다져 준비한다.

7 토마토는 끓는 물에 살짝 데쳐 껍질 제거 후 작게 다져준다.

8 프라이팬에 올리브 오일을 두르고 마늘, 양파를 넣어 볶아준다.

9 양파가 익으면 베이컨을 넣어 노릇해질 때까지 볶아준 후 다진 토마토를 넣고 끓여준다.

10 약불에 저어가며 15분 정도 끓여 소금과 후춧가루로 간을 한다.

11 토마토 소스에 스파게티면이 잘 섞이도록 볶아준다.

12 토마토 스파게티를 보기 좋게 완성한다.

TIP
✓ • 토마토를 부드럽게 잘 익혀준다.

달콤한 브런치 창업

갈릭 스파게티
Garlic Spaghetti

재료 *Material*

- 스파게티면 100g

갈릭소스
- 마늘 5알
- 양파 50g
- 우유 120g
- 휘핑크림 150g
- 파마산치즈 적당량
- 파슬리가루 적당량
- 올리브 오일 적당량
- 후춧가루 적당량
- 소금 적당량

만드는 법 *Cooking Method*

1 재료를 분량에 맞게 준비한다.

2 냄비에 물 3컵과 소금 한 꼬집을 넣어 끓여준다.

3 스파게티면을 넣고 8~10분 정도 삶아 물기를 제거한다.

4 갈릭소스를 만든다.

5 마늘을 얇게 썰어 준비한다.

6 양파는 곱게 다져 준비한다.

7 프라이팬에 올리브 오일을 두르고 마늘이 노릇해질 때까지 튀겨준다.

8 튀긴 마늘은 키친타월에 올려 기름을 빼준다.

9 프라이팬에 양파를 충분히 볶은 후 휘핑크림, 우유를 넣어 끓여준다.

10 소금과 후춧가루로 간을 한다.

11 스파게티면을 넣어 섞어준다.

12 파마산치즈가루와 파슬리가루를 뿌려준다.

13 접시에 스파게티를 올리고 튀긴 마늘을 곁들여 보기 좋게 완성한다.

TIP
- 마늘은 갈색이 날 때까지 볶아준다.

라자냐
Lasagne

재료*Material*

- 라자냐 2장
- 모차렐라치즈
  500g

미트소스
- 토마토 소스
  400ml
- 베샤멜 소스
  500ml
- 간 쇠고기
  200g
- 다진 양파
  100g
- 다진 마늘
  10g
- 오레가노 1g
- 바질 5pc

베샤멜 소스
- 버터 100g
- 밀가루 100g
- 우유 500g
- 소금 적당량
- 후춧가루
  적당량

만드는 법*Cooking Method*

1 재료는 분량에 맞게 준비한다.

2 냄비에 물을 3컵 넣고 끓으면 라자냐면을 삶아낸다.

3 베샤멜 소스 만들기
  - 프라이팬에 버터를 녹여준다.
  - 밀가루, 우유를 넣어 걸쭉하게 끓여준다.
  - 소금과 후춧가루로 간을 한다.

4 미트소스 만들기
  - 프라이팬에 올리브 오일을 두르고 소고기, 다진 마늘, 다진 양파를 볶아준다.
  - 토마토 소스, 베샤멜 소스, 바질, 오레가노를 넣어 수분 없이 볶아 완성한다.

5 라자냐면에 미트소스, 모차렐라치즈를 올려 예열된 오븐(180도, 5~10분 정도)에 굽는다.

6 접시에 라자냐를 보기 좋게 올려 완성한다.

TIP
- 라자냐면은 삶을 때 올리브 오일과 소금을 조금 넣으면 서로 달라붙지 않는다.
- 베샤멜 소스는 버터와 밀가루를 1:1 비율로 사용한다.
- 기호에 맞게 '면＋미트소스＋베샤멜 소스' 순으로 층층이 쌓아 만들 수 있다.

달콤한 브런치 창업

말차 아보카도죽
Matcha Avocado Porridge

재료 *Material*

- 불린 쌀 150g
- 아보카도 1개
- 말차 50g
- 참기름 적당량
- 소금 적당량

만드는 법 *Cooking Method*

1 재료는 분량에 맞게 준비한다.

2 쌀은 깨끗이 씻어 2시간 정도 불려서 준비한다.

3 아보카도는 반으로 잘라 씨를 제거하여 으깨준다.

4 불린 쌀은 물기를 제거한다.

5 불린 쌀은 2/3 정도 으깨어준다.

6 냄비에 참기름을 두른 후 불린 쌀을 넣어 충분히 볶아준다.

7 계량한 물은 반만 붓고 센 불에서 끓이다가 나머지 물을 넣고 약불에서 저어가며 충분히 끓여준다.

8 쌀알이 충분히 퍼지면 으깬 아보카도와 말차를 넣어 한소끔 끓여준다.

9 소금으로 간을 맞춘다.

10 말차 아보카도죽의 농도를 맞춰준 후 그릇에 담아 완성한다.

TIP

- 쌀을 충분히 불려야 싸라기를 만들기가 쉽다.
- 처음엔 센 불에서 끓이다가 불을 줄여 쌀알이 잘 퍼지도록 끓인다.
- 죽이 되직하여 물을 추가로 부을 경우에는 꼭 한번 더 끓여야 맑은 물이 죽 위에 뜨는 것을 방지할 수 있다.
- 죽은 먹기 직전에 간을 맞추도록 한다. 미리 간을 하면 죽이 삭는다.

호박죽
Pumpkin Porridge

재료_Material_

- 단호박 1개
- 불린 찹쌀 100g
- 소금 적당량
- 설탕 적당량

만드는 법_Cooking Method_

1 재료는 분량에 맞게 준비한다.

2 호박을 깨끗이 씻는다.

3 4등분으로 잘라서 속을 파내고 껍질을 제거한다.

4 냄비에 호박을 넣고 호박이 잠길 정도로 물을 붓고 끓여 익혀준다.

5 호박이 익으면 주걱이나 국자로 호박을 으깬다.

6 불린 찹쌀가루와 물 1L를 넣고 푹 끓여준다.

7 불린 찹쌀가루가 충분히 퍼지면 소금과 설탕을 넣어 간을 한다.

8 죽의 농도를 맞춰준 후 그릇에 담아 완성한다.

TIP
- 취향에 따라 팥을 넣어도 된다.
- 채반을 넣고 호박을 쪄서 사용해도 된다.

달콤한 브런치 창업

전복죽
Abalone Porridge

재료*Material*

- 전복 3마리
- 불린 쌀 1컵
- 물 800ml
- 소금 1/4T
- 참기름 2T
- 참깨 1/4T

만드는 법*Cooking Method*

1 재료는 분량에 맞게 준비한다.

2 전복은 솔로 깨끗이 씻는다.

3 숟가락으로 껍질과 내장을 분리하고 이빨을 떼어 낸다.

4 내장은 따로 준비해 둔다.

5 손질한 전복은 얇게 썰어 준비하고 내장은 다져서 준비한다.

6 냄비에 준비한 전복은 참기름을 넣고 볶다가 색이 살짝 변하면 불린 쌀을 넣고 같이 볶아준다.

7 전복과 쌀을 볶은 냄비에 내장도 함께 넣어 볶다가 물을 넣는다.

8 죽이 자작해지면 소금으로 간을 하고 쌀알이 물러지면 불을 끄고 그릇에 덜어 깨를 뿌려 완성한다.

TIP

- 취향에 따라 내장을 안 넣고 맑게 끓여도 된다.
- 처음엔 센 불에서 끓이다가 불을 줄여 쌀알이 잘 퍼지도록 끓인다.
- 죽이 되직하여 물을 추가로 부을 경우에는 꼭 한번 더 끓여야 물이 죽 위에 뜨는 것을 방지할 수 있다.

팥죽
Red Bean Porridge

재료 *Material*

- 팥 2컵
- 불린 쌀 1컵
- 물 5컵
- 소금 적당량
- 설탕 적당량

만드는 법 *Cooking Method*

1 재료는 분량에 맞게 준비한다.

2 팥은 물에 2~3번 깨끗이 씻는다.

3 냄비에 팥, 소금을 넣고 팥이 잠길 정도로 물을 넣은후 10분간 끓여준다.

4 팥물이 끓으면 체에 걸러 팥물을 버린다.

5 다시 냄비에 삶은 팥과 깨끗한 물을 붓고 중불에서 팥알이 퍼질 때까지 끓여준다.

6 삶은 팥은 건져내고 삶은 물은 버리지 말고 따로 담아둔다.

7 삶은 팥은 물 5컵을 나눠 넣으면서 믹서기에 갈아준다.

8 냄비에 팥 삶은 물을 붓고 불린 쌀을 넣어 쌀알이 퍼질 때까지 약불로 끓여준다.

9 쌀이 충분히 퍼졌으면 갈아놓은 팥을 넣어 팔팔 끓여준다.

10 소금, 설탕으로 간을 한다.

11 죽의 농도가 걸쭉해지면 완성하여 담아 낸다.

TIP

- 팥이 흐물흐물하게 잘 물러질 때까지 삶는다.
- 쌀알이 충분히 잘 퍼지도록 끓인다.
- 찹쌀경단을 추가해도 좋다.

달콤한 브런치 창업

소고기 초밥
Beef Sushi

재료 *Material*

- 밥 300g
- 소고기 250g
- 생와사비 적량

배합초
- 식초 2T
- 설탕 2T
- 소금 1t

소고기 소스
- 간장 1T
- 참기름 1T
- 후춧가루 소량

만드는 법 *Cooking Method*

1 재료는 분량에 맞게 준비한다.

2 냄비에 식초, 설탕, 소금을 한소끔 끓여 배합초를 만든다.

3 간장, 참기름, 후춧가루를 섞어 소고기 소스를 만든다.

4 밥에 온기가 있을 때 배합초를 넣고 잘 섞어 식혀준다.

5 손에 배합초를 묻혀 적당한 크기로 초밥모양으로 만들어준다.

6 밥 위에 와사비를 올리고 소고기 소스를 붓으로 발라준다.

7 토치를 사용하여 소고기를 적당하게 익혀 완성한다.

TIP
- 와사비는 취향껏 올려준다.
- 배합초는 초밥 뭉칠 때 손에 바른 후 만들면 밥이 손에 잘 달라붙지 않는다.
- 소고기의 익힘 정도를 조절하면 된다.

육회 초밥
Beef Tartare Sushi

재료 *Material*

- 소고기 우둔살 200g
- 밥 1공기
- 간장 1T
- 설탕 1/2t
- 참기름 1/2t
- 후춧가루 적당량
- 통깨 1/2t
- 다진 마늘 1/2t

배합초
- 식초 2T
- 설탕 1T
- 소금 1t
- 꿀 1T
- 레몬 1조각

만드는 법 *Cooking Method*

1 재료는 분량에 맞게 준비한다.

2 냄비에 식초, 설탕, 소금, 꿀, 레몬을 넣고 중약불에서 한소끔 끓여 식혀준다.

3 밥에 온기가 있을 때 배합초를 넣고 잘 섞어 식혀준다.

4 그릇에 우둔살을 넣고 간장, 설탕, 설탕, 참기름, 후춧가루, 통깨, 다진 마늘을 넣고 양념이 고루 잘 섞이게 버무려준다.

5 초밥은 사각지게 만들어준다.

6 육회는 초밥 위에 크기에 맞게 올려 완성한다.

TIP

- 배합초는 한소끔 끓인 뒤 식혀서 사용한다.
- 고기는 핏물을 면포에 제거한다.
- 육회는 양념이 고루 잘 배도록 손으로 조물조물해 준다.

달콤한 브런치 창업

유부초밥
Fried Tofu Sushi

재료 *Material*

- 밥 1공기
- 생유부 5개
- 삼색 파프리카
  각 50g
- 통깨 적당량

배합초
- 식초 1.5T
- 설탕 1T
- 소금 1/2t
- 레몬 1조각

유부조림장
- 멸치육수
  1/2컵
- 설탕 1t
- 간장 1t
- 미림 1t

만드는 법 *Cooking Method*

1 재료는 분량에 맞게 준비한다.

2 생유부는 끓는 물에 데쳐낸 후 물에 헹궈 기름기를 뺀 후 물기를 짠다.

3 유부는 반으로 잘라 준비한다.

4 냄비에 반으로 자른 유부와 멸치육수, 설탕, 간장, 미림을 넣고 졸이듯 끓여 식힌다.

5 냄비에 식초, 설탕, 소금을 넣고 한소끔 끓여 초를 만들어준다.

6 삼색 파프리카는 작게 다져 촛물에 절여준다.

7 밥에 온기가 있을 때 배합초를 넣고 잘 섞어 식혀준다.

8 만들어놓은 초밥에 삼색 파프리카, 통깨를 넣어 섞어준다.

9 유부주머니에 초밥을 넣어 만든다.

10 완성된 초밥은 접시에 담아준다.

TIP
• 유부를 조릴 때 바닥에 물기가 거의 없을 때까지 조려준다.

생선초밥
Assorted Sushi

재료 *Material*

- 밥 400g
- 새우 4마리
- 연어 1토막
- 와사비 분말 적당량
- 물 적당량

배합초
- 식초 3T
- 설탕 2T
- 소금 1t
- 레몬 1조각

만드는 법 *Cooking Method*

1 재료는 분량에 맞게 준비한다.

2 냄비에 식초, 설탕, 소금을 넣어 끓여 배합초를 만든다.

3 밥에 온기가 있을 때 배합초를 넣은 뒤 잘 섞어서 식혀준다.

4 와사비 분말에 물을 조금 섞어 와사비를 만들어준다.

5 새우는 머리 쪽은 잘라주고 껍질과 내장을 제거한다.

6 새우를 끓는 물에 넣어 골고루 익혀준다.

7 익은 새우는 찬물에 한 김 식혀준다.

8 새우는 배 한가운데로 칼집을 내준다.

9 연어는 물기 제거 후 먹기 좋은 크기로 잘라 준비한다.

10 손에 배합초를 묻혀 적당한 크기로 뭉쳐 모양을 만들어준다.

11 밥 위에 와사비를 올리고 새우와 연어를 올려 완 성한다.

TIP

- 와사비는 취향껏 올려준다.
- 배합초는 초밥 뭉칠 때 손에 바른 후 만들면 밥이 손에 잘 달라붙지 않는다.

달콤한 브런치 창업

콩나물 무밥
Steamed Rice with Bean Sprouts & White Radish

재료*Material*

- 불린 쌀 1컵
- 콩나물 200g
- 무 200g
- 생수 1컵

양념장
- 간장 2T
- 다진 파 1/2t
- 다진 마늘 1t
- 참기름 1t
- 통깨 1/2T

만드는 법*Cooking Method*

1 재료를 분량에 맞게 준비한다.

2 불린 쌀은 3회가량 깨끗이 씻는다.

3 씻은 쌀은 체에 밭쳐 물기를 뺀다.

4 콩나물의 꼬리를 잘라내고 다듬는다.

5 다듬은 콩나물은 깨끗이 씻어 건져 물기를 뺀다.

6 무는 0.5×0.5×5cm로 채썬다.

7 냄비를 이용해 불린 쌀을 넣는다.

8 그 위에 씻은 콩나물과 채썬 무를 얹는다.

9 냄비에 물을 부어 처음에는 강불에 올려 끓어 오르면 중불로 하여 쌀알이 퍼지면 불을 약불로 하여 뜸을 충분히 들인다.

10 양념장에 넣을 파, 마늘도 곱게 다진다.

11 파. 마늘, 간장, 참기름, 깨를 넣어 양념장을 만든다.

12 콩나물 무밥을 그릇에 담는다.

13 양념장을 곁들여 완성한다.

TIP

- 콩나물이 익기 전에 뚜껑을 열면 콩나물의 비린내가 날 수 있다.
- 무는 씹히는 맛이 있도록 채썰어준다.

채소 주먹밥
Vegetable Rice Balls

재료 *Material*

- 밥 200g
- 녹색 파프리카 40g
- 빨간 파프리카 40g
- 노란 파프리카 40g

부재료
- 참기름 1t
- 검은 통깨 1/2T
- 소금 적당량
- 식용유 적당량

만드는 법 *Cooking Method*

1 재료를 분량에 맞게 준비한다.

2 삼색 파프리카는 깨끗이 씻어 씨를 제거한다.

3 씨를 제거한 삼색 파프리카를 0.5×0.5cm 크기의 사각 모양으로 자른다.

4 파프리카를 식용유에 살짝 볶아낸다.

5 밥과 삼색 파프리카를 섞어준다.

6 소금, 참기름으로 간을 한다.

7 검은 통깨를 넣고 잘 섞어준다.

8 한입 크기로 둥글게 만들어 접시에 완성한다.

TIP
- 채소를 섞은 밥은 밥알이 떨어지지 않게 밥의 수분조절을 잘하여 둥글게 잘 만들어준다.

달콤한 브런치 창업

보리밥 차돌박이 토르티야
Barley Rice Beef Brisket Tortilla

재료 *Material*

- 보리밥 200g
- 토르티야(20인치) 1장
- 양상추 20g
- 양파 20g
- 레드 치커리 10g
- 차돌박이 100g
- 후춧가루 적당량

머스터드 드레싱
- 머스터드 소스 30ml
- 올리브 오일 15ml
- 발사믹 식초 15ml
- 꿀 5ml
- 소금 적당량

만드는 법 *Cooking Method*

1 재료를 분량에 맞게 준비한다.

2 프라이팬이나 오븐에 토르티야를 양면으로 익혀준다.

3 양파는 채썬 뒤 물에 한번 헹궈 물기를 제거한다.

4 양상추와 레드 치커리를 물에 씻어 물기를 제거한다.

5 머스터드 소스, 올리브 오일, 발사믹 식초, 꿀, 소금을 섞어 머스터드 소스를 준비한다.

6 프라이팬에 차돌박이, 소금, 후춧가루를 넣어 익혀준다.

7 토르티야에 머스터드 소스를 발라준다.

8 양상추를 깔고 레드 치커리, 채썬 양파를 얹어준다.

9 밥을 깔고 익힌 차돌박이를 얹어 김밥처럼 둥글게 말아준다.

10 둥글게 말아준 토르티야는 사선방향으로 잘라 완성한다.

TIP

- 토르티야를 둥글게 말 때 터지지 않도록 살살 말아준다.
- 너무 힘을 주면서 말면 안 된다.
- 양파의 매운맛을 제거하기 위해 생수에 담가준다.

도토리묵밥
Rice with Acorn Jelly in Cold Broth

재료*Material*

- 도토리묵 500g
- 밥 200g
- 새싹채소 100g
- 적양배추 30g
- 삼색 파프리가 각 20g

양념장
- 간장 3T
- 고춧가루 1T
- 통깨 1T
- 참기름 1T
- 다진 파 1T

만드는 법*Cooking Method*

1 재료를 분량에 맞게 준비한다.

2 새싹채소는 깨끗이 씻은 후 물기를 제거한다.

3 적양배추는 채썬 뒤 물에 헹궈 물기를 제거한다.

4 삼색 파프리카는 0.3×0.3cm 정도 두께의 사각으로 썰어 준비한다.

5 도토리묵은 1.5×1.5cm의 주사위 모양으로 잘라준다.

6 간장, 고춧가루, 통깨, 참기름, 다진 파를 섞어 양념장을 만든다.

7 그릇에 준비한 밥, 채소, 묵을 올려 양념장을 곁들여 보기 좋게 완성한다.

TIP
- 묵밥을 먹을 때 참기름과 깨소금을 같이 넣어 먹어도 된다.
- 겨울에는 따뜻하게, 여름에는 시원하게 해서 먹어도 된다.

메밀묵밥
Rice with Buckwheat Jelly in Cold Broth

재료 *Material*

- 메밀묵 300g
- 밥 200g
- 느타리버섯 100g
- 김 1장

육수
- 물 3컵
- 다시마 20g
- 멸치 30g
- 국간장 2T
- 건표고 2장

양념장
- 간장 300g
- 고추(홍 · 청) 100g
- 참기름 적당량

만드는 법 *Cooking Method*

1 재료를 분량에 맞게 준비한다.
2 냄비에 물을 넣고 다시마, 멸치, 건표고를 넣어 한소끔 끓여준다.
3 건더기를 건져내고 국간장을 넣어 간을 한다.
4 육수는 식혀준다.
5 메밀묵은 1×5cm 크기로 채썬다.
6 채썬 메밀묵은 체에 밭친 뒤 끓는 물에 넣어 30초 정도 데쳐낸다.
7 데친 메밀묵은 얼음물에 담가 식힌 뒤 물기를 제거한다.
8 버섯도 살짝 데쳐 물기를 제거한다.
9 김은 살짝 구워서 0.5×5cm로 자른다.
10 홍 · 청고추를 다져준다.
11 간장에 청 · 홍고추를 넣고 참기름을 약간 넣어 양념장을 만든다.
12 그릇에 밥을 담고 묵, 버섯, 김을 올리고 육수를 부어 완성한다.

TIP
- 취향에 따라 들기름을 넣어도 된다.

청포묵밥
Mung Bean Jelly Rice

재료 *Material*

- 청포묵 300g
- 밥 200g
- 오이 200g
- 당근 200g
- 달걀 1개

육수

- 물 3컵
- 다시마 20g
- 멸치 30g
- 국간장 2T

만드는 법 *Cooking Method*

1 재료를 분량에 맞게 준비한다.

2 냄비에 물을 넣은 후 다시마, 멸치를 넣어 한소끔 끓여 준다.

3 건더기는 건져내고 국간장을 넣어 간을 한다.

4 육수는 식혀준다.

5 청포묵은 사방 1×5cm로 채썰어준다.

6 채썬 청포묵은 끓는 물에 살짝 데쳐준다.

7 오이와 당근은 껍질을 벗기고 씨를 제거한 뒤 0.2×5cm 로 돌려깎아 얇게 채썬다.

8 달걀물을 얇게 부쳐 지단을 만든 뒤 채썰어준다.

9 그릇에 밥, 청포묵, 오이, 당근, 지단을 올리고 육수를 부 어 완성한다.

TIP

- 데친 청포묵은 얼음물에 담가 식히면 탱글탱글한 식감이 살아난다.
- 취향에 따라 참기름, 통깨를 넣어도 된다.

달콤한 브런치 창업

소면
Thin Noodles

재료*Material*

- 소면 80g
- 당근 50g
- 애호박 60g
- 달걀 1개
- 물 3컵

육수
- 물 5컵
- 멸치 150g
- 다시마 100g
- 대파 1뿌리
- 국간장 2T
- 소금 적당량

만드는 법*Cooking Method*

1 재료를 분량에 맞게 준비한다.

2 냄비에 물 5컵, 멸치, 다시마, 대파를 넣어 육수를 만든다.

3 불을 끄고 건더기를 체로 건져낸다.

4 국간장, 소금으로 간을 맞춘다.

5 애호박과 당근은 채썬다.

6 달걀은 소금을 넣고 풀어 프라이팬에 식용유를 두르고 약한 불로 지단을 부쳐낸다.

7 지단이 노릇하게 익으며 식혀 곱게 채썬다.

8 채썬 애호박과 당근도 볶아낸다.

9 냄비에 물 3컵을 넣고 끓으면 소면을 삶아낸다.

10 삶아낸 소면은 찬물에 헹군 뒤 체에 밭쳐 물기를 제거한다.

11 그릇에 소면, 지단, 호박, 당근, 육수를 넣어 완성한다.

TIP
• 삶은 면을 충분히 헹궈 소면 겉의 전분질을 깨끗이 제거해야 쉽게 불거나 달라붙지 않는다.

콩국수
Noodles in Cold Soybean Soup

재료 *Material*

- 국수 100g
- 오이 50g
- 당근 50g

콩물 재료

- 백태 200g
- 생수 3컵
- 소금 적당량

만드는 법 *Cooking Method*

1 재료를 분량에 맞게 준비한다.

2 백태는 하루 전날 깨끗이 씻어 물에 불려놓는다.

3 불려진 백태를 팍팍 문질러가며 껍질을 제거해 준다.

4 생수 3컵에 불린 콩을 10~15분 정도 삶아준다.

5 삶은 콩은 믹서기에 곱게 갈아준다.

6 간 콩물에 소금간을 해준다.

7 물 5컵을 붓고 국수를 삶아준다.

8 삶은 국수는 찬물에 헹궈 물기를 제거한다.

9 오이와 당근은 채썰어 준비한다.

10 그릇에 국수를 담고 콩물을 부은 뒤 오이, 당근을 올려 완성한다.

TIP

- 콩을 삶을 때 말캉한 느낌이 있을 때까지 삶아주고 중간 거품은 걷어낸다.
- 덜 삶으면 비린내가 날 수 있다.
- 푹 삶으면 메주냄새가 날 수 있다.

달콤한 브런치 창업

메밀소바
Buckwheat Soba Noodles

재료 *Material*

• 메밀국수 400g

육수
  • 메밀 소바장국 1컵
  • 가쓰오부시 200g
  • 생수 3컵

만드는 법 *Cooking Method*

1 재료를 분량에 맞게 준비한다.

2 냄비에 생수 3컵, 메밀소바 장국 1컵을 넣고 끓여준다.

3 가쓰오부시를 넣고 끓으면 불을 끈다.

4 가쓰오부시를 건져내고 한번 더 끓으면 불을 끈다.

5 육수를 식혀준다.

6 냄비에 생수 5컵을 넣고 끓으면 메밀국수를 삶아 찬물에 헹궈 준비한다.

7 메밀국수를 둥글게 말아 담고 육수를 곁들여 완성한다.

TIP
✓
• 메밀면을 삶을 때 바닥에 붙을 수도 있으니 틈틈이 저어준다.
• 육수는 미리 끓여 냉동실에 살얼음이 생길 정도로 해서 먹어도 된다.

떡국
Sliced Rice Cake Soup

재료*Material*

- 떡국 400g
- 호박 50g
- 당근 50g
- 표고버섯 1개
- 달걀 1개
- 석이버섯 10g
- 소금 적당량
- 참기름 적당량

육수
- 양지머리 500g
- 대파 2줄기
- 무 1토막
- 통마늘 3개
- 생수 2리터
- 통후추 적당량

만드는 법*Cooking Method*

1 재료를 분량에 맞게 준비한다.

2 양지머리는 물에 헹구어 핏물을 제거해 준다.

3 냄비에 물을 넣고 끓으면 양지머리, 대파, 무, 통마늘, 통후추를 넣고 푹 끓여 식힌다.

4 떡국은 물에 한번 씻어둔다.

5 호박, 당근은 채썰어 프라이팬에 살짝 볶아준다.

6 석이버섯도 물에 불려 물기를 제거한 후 채썰어 참기름을 넣고 소금간을 하여 볶아준다.

7 달걀물로 지단을 만들어 채썰어 준비한다.

8 냄비에 육수를 넣고 끓으면 떡국을 넣어 한번 더 끓여준다.

9 그릇에 떡국을 담고 달걀지단, 당근, 호박, 석이버섯을 올려 완성한다.

만둣국
Dumpling Soup

재료 *Material*

- 밀가루 1½컵
- 소금 1/2t
- 물 4T

만두소
- 소고기(살코기) 160g
- 두부 160g
- 숙주 200g
- 배추김치 200g
- 다진 파 2t
- 참기름 1T
- 식용유 적당량
- 소금 적당량

육수
- 소고기(사태) 300g
- 마늘 20g
- 파 40g
- 국간장 1/2t
- 소금 1t
- 물 2.5컵

만드는 법 *Cooking Method*

1 재료를 분량에 맞게 준비한다.

2 냄비에 소고기, 마늘, 파, 국간장, 소금, 물을 넣어 육수를 만들어 식혀둔다.

3 믹싱볼에 밀가루, 소금, 물을 붓고 반죽한다.

4 완성된 반죽을 젖은 면보자기에 싸서 30분 정도 둔 후 밀대로 밀어 동그랗고 얇은 만두피를 빚는다.

5 다진 소고기는 면보자기에 싸서 핏물을 뺀다.

6 숙주는 데친 후 다진다.

7 배추김치는 양념을 제거하고 곱게 다져 물기를 꼭 짠다.

8 두부는 물기를 짜서 곱게 으깬다.

9 믹싱볼에 데친 숙주, 다진 소고기, 다진 배추김치, 으깬 두부, 다진 파, 소금, 참기름을 넣고 버무려 만두소를 만든다.

10 만두피를 밀대로 밀어 직경 8cm, 두께 0.2cm로 편다.

11 만두피에 만두소를 넣고 접어서 만두를 빚는다.

12 냄비에 육수물을 넣고 국간장으로 색을 낸다.

13 육수가 끓으면 만두를 넣고 소금으로 간을 맞춘다.

14 만두가 떠오르면 그릇에 담아낸다.

TIP

- 다진 쇠고기와 두부, 숙주를 양념과 함께 잘 배합하여 만두소를 만든다.
- 육수가 끓을 때 만두를 넣고 익혀 조리한다.
- 만두속이 다 익을 때까지 삶아준다.

도토리전
Acorn Pancake

재료 *Material*

- 도토리가루 100g
- 메밀가루 100g
- 생수 140ml
- 소금 3g
- 식용유 적당량
- 파슬리가루 적당량

만드는 법 *Cooking Method*

1 재료는 분량에 맞게 준비한다.

2 메밀가루, 도토리가루, 소금을 넣고 저어준다.

3 생수를 넣고 저어가며 농도를 맞춘다.

4 프라이팬에 식용유를 두르고 한 국자 떠서 부쳐준다.

5 중약불로 앞뒤로 익혀준다.

6 먹기 좋게 잘라 접시에 담고 파슬리가루를 뿌려 완성한다.

TIP
✓ • 도토리가루가 뭉치지 않게 잘 섞어준다.

달콤한 브런치 창업

녹두전
Mung Bean Pancake

재료 *Material*

- 불린 녹두 2컵
- 생수 2컵
- 새우 7마리
- 부추 50g
- 양파 1/2개
- 식용유 적당량
- 소금 적당량
- 후춧가루 적당량

만드는 법 *Cooking Method*

1 재료는 분량에 맞게 준비한다.

2 건피 녹두는 하룻밤 불려준다.

3 양파는 다져준다.

4 부추는 1cm 크기 정도로 다져준다.

5 새우살도 잘게 썰어준다.

6 녹두를 믹서기에 넣고 생수 2컵을 넣고 갈아준다.

7 새우, 부추, 양파, 소금, 후춧가루를 넣고 섞어준다.

8 기름을 두른 팬에 한 국자 떠서 동그랗게 모양을 잡아 노릇하게 지져준다.

TIP

• 건피는 껍질 벗긴 녹두를 말한다. 자기 전에 물에 담가두면 건피가 불어 따로 벗길 필요가 없다.

밀전병
A Grilled Wheat Cake

재료 *Material*

- 메밀가루 2컵
- 물 1컵
- 소금 4g

속재료
- 김치 150g
- 두부 100g
- 당면 100g
- 숙주 50g
- 파 1뿌리
- 참기름 적당량
- 깨 적당량
- 소금 적당량
- 후춧가루 적당량

만드는 법 *Cooking Method*

1 재료는 분량에 맞게 준비한다.

2 물에 메밀가루, 소금을 넣고 풀어서 준비한다.

3 김치는 면포에 싸서 물기 제거 후 다져서 준비한다.

4 숙주는 데치고 물기 제거 후 큼직하게 썰어준다.

5 두부는 면포에 싸서 물기 제거 후 큼직하게 썰어 준비한다.

6 당면은 삶아 물기 제거 후 잘라서 준비한다.

7 파는 송송 썰어준다.

8 속재료가 준비되면 참기름, 깨, 소금, 후춧가루를 넣고 재료들을 잘 섞어준다.

9 프라이팬에 식용유를 두르고 반죽을 한 국자 떠서 둥글게 펴준다.

10 메밀반죽 표면이 80% 정도 익었을 때 만들어놓은 속을 위에 한 줄로 넣어준다.

11 한 번 접고 살짝 뜸들이면서 반대편도 접어준다.

12 전병이 퍼지지 않게 완성해 준다.

TIP

- 메밀가루가 뭉치지 않고 되직하지 않게 반죽한다.
- 속이 터지지 않게 잘 말아준다.

인절미빙수
Injeolmi Sherbet

재료*Material*

- 우유 300㎖
- 연유 200㎖
- 인절미 적당량
- 볶음콩가루 1/2컵

만드는 법*Cooking Method*

1 재료는 분량에 맞게 준비한다.

2 우유와 연유를 섞어서 냉동실에 얼린다.

3 인절미는 한입 크기로 썰어 준비한다.

4 얼려둔 우유, 연유를 부수거나 갈아준다.

5 그릇에 잘게 부순 얼음, 볶음콩가루, 인절미를 순서대로
올려 보기 좋게 완성한다.

TIP

- 우유를 얼릴 때 지퍼백에 넣어 평평하게 얼려 사용한다.
- 기호에 따라 연유, 견과류, 단팥을 곁들여도 좋다.

레몬빙수
Lemon Sherbet

재료 *Material*

- 레몬 2개
- 사이다 1컵
- 생수 1컵
- 설탕 1T

- 꿀 1T
- 베이킹소다 적당량
- 식초 적당량

만드는 법 *Cooking Method*

1 재료는 분량에 맞게 준비한다.

2 레몬은 베이킹소다, 식초를 넣고 물로 깨끗이 씻어 물기를 제거한다.

3 레몬은 반으로 갈라 즙을 짜고 남은 과육은 얇게 썰어준다.

4 레몬즙은 사이다 1컵과 생수 1컵을 섞어 얼린다.

5 냄비에 물 1/3컵, 얇게 썬 레몬, 설탕 1T을 넣고 약한 불로 조린다.

6 물기가 줄어들면 꿀 1T을 넣어 조금 더 조려준다.

7 ④를 빙수기계에 갈아 그릇에 담은 뒤 조린 레몬 시럽을 올려준다.

8 레몬빙수를 올려 보기 좋게 완성한다.

TIP

- 레몬시럽을 만들 때 조청맛이 나지 않도록 조려준다.

달콤한 브런치 창업

우유팥빙수
Milk & Red Bean Sherbet

재료 *Material*

- 우유 400ml
- 연유 200ml
- 연유 2큰술
- 팥 1컵
- 설탕 1/2컵
- 올리고당 3T
- 소금 적당량

만드는 법 *Cooking Method*

1 재료는 분량에 맞게 준비한다.

2 우유와 연유는 섞어서 얼려준다.

3 팥은 깨끗이 씻어 물기를 빼준다.

4 냄비에 물 2컵을 붓고 팥을 넣어 5분간 끓인다.

5 체에 밭쳐 끓인 콩물은 따라낸다.

6 다시 물 4컵을 넣고 끓인다.

7 센 불에서 20분, 중간불에서 20분, 약한 불에서 40분 뚜껑을 열고 저어가면서 끓인다.

8 팥이 충분히 삶아져 알갱이를 손가락으로 눌렀을 때 자연스럽게 터지면 설탕을 2회 나눠서 넣고 약불에서 끓여준다.

9 국물이 자작하게 남을 때 올리고당과 소금을 넣어 팥조림을 완성한다.

10 얼린 우유를 부드럽게 갈아 빙수그릇에 담아준다.

11 단팥, 연유를 올려 보기 좋게 완성한다.

TIP

- 팥을 삶을 때 단맛을 조정해서 설탕을 더 첨가하여도 된다.
- 팥빙수에 연유를 올릴 때 취향에 따라 조절해서 첨가한다.
- 떡이나 과일 등을 올려 고명으로 올려준다.

크림라테
Cream Latte

재료 *Material*

- 우유 100ml
- 에스프레소 1샷(30ml)
- 생크림 60g
- 얼음 적당량
- 코코아가루 적당량

만드는 법 *Cooking Method*

1 재료를 분량에 맞게 계량한다.

2 생크림을 60% 정도로 휘핑하여 점도를 맞춘다.

3 컵에 얼음을 넣어준다.

4 우유를 부어준다.

5 에스프레소를 부어준다.

6 휘핑한 생크림을 보기 좋게 완성한다.

7 코코아가루를 뿌려 보기 좋게 장식하여 완성한다.

말차라테
Matcha Latte

재료 *Material*

- 우유 150ml
- 따뜻한 물 20ml
- 말차가루 5g

- 설탕 20g
- 얼음 적당량

만드는 법 *Cooking Method*

1 재료를 분량에 맞게 계량한다.

2 따뜻한 물에 말차가루와 설탕을 넣고 잘 섞어준다.

3 컵에 얼음을 넣어준다.

4 우유를 부어준다.

5 얼음 위에 말차가루를 뿌려 보기 좋게 완성한다.

민트라테
Mint Latte

재료_Material_

- 민트시럽 15g
- 우유 150ml
- 에스프레소 1샷(30ml)
- 얼음 적당량

만드는 법_Cooking Method_

1 재료를 분량에 맞게 계량한다.

2 컵에 민트시럽을 부어준다.

3 컵에 얼음을 넣어준다.

4 우유를 부어준다.

5 얼음 위에 에스프레소를 층이 지게 부어 완성한다.

블루라테
Blue Latte

재료*Material*

- 블루 퀴라소시럽 15g
- 우유 150ml
- 에스프레소 1샷(30ml)
- 얼음 적당량

만드는 법*Cooking Method*

1 재료를 분량에 맞게 계량한다.

2 컵에 블루 퀴라소시럽을 넣어준다.

3 컵에 얼음을 넣어준다.

4 우유를 부어준다.

5 에스프레소를 얼음 위로 층이 지게 부어 완성한다.

딸기라테
Strawberry Latte

재료 *Material*

- 딸기청 130g
- 우유 200ml
- 생크림 적당량
- 얼음 적당량

만드는 법 *Cooking Method*

1 재료를 분량에 맞게 계량한다.

2 생크림을 50% 정도로 휘핑하여 점도를 부드럽게 맞춘다.

3 컵에 딸기청과 얼음을 번갈아가면서 넣어준다.

4 우유를 부어준다.

5 휘핑한 생크림을 올려준다.

6 딸기나 허브를 이용하여 보기 좋게 장식하여 완성한다.

달콤한 브런치 창업

초코라테
Chocolate Latte

재료 *Material*

- 코코아파우더 5g
- 다크 초콜릿 15g
- 설탕 15g
- 우유A 20ml
- 우유B 200ml

- 생크림 60ml
- 초콜릿 적당량
- 얼음 적당량

만드는 법 *Cooking Method*

1 재료를 분량에 맞게 계량한다.

2 생크림을 60% 정도로 휘핑하여 점도를 맞춘다.

3 냄비에 코코아파우더, 다크 초콜릿, 설탕, 우유A를 혼합
하여 중탕으로 녹여준다.

4 컵에 얼음을 넣어준다.

5 우유B를 부어준다.

6 녹여준 초콜릿을 부어준다.

7 휘핑한 생크림을 올려준다.

8 초콜릿으로 보기 좋게 장식하여 완성한다.

자색고구마 라테
Purple Sweet Potato Latte

재료 *Material*

- 자색고구마가루 10g
- 설탕 15g
- 물 50ml
- 우유 150ml
- 식용꽃 적당량
- 밀크폼 적당량

만드는 법 *Cooking Method*

1 재료를 분량에 맞게 계량한다.

2 물에 자색고구마가루와 설탕을 녹여가며 섞어준다.

3 우유는 거품기로 되직해질 때까지 거품을 내어준다.

4 컵에 얼음을 넣어준다.

5 우유를 부어준다.

6 자색고구마 물을 부어준다.

7 밀크폼을 올려준다.

8 자색고구마가루를 뿌려준다.

9 식용꽃을 보기 좋게 장식하여 완성한다.

달콤한 브런치 창업

캐러멜 라테
Caramel Latte

재료 *Material*

- 캐러멜시럽 30g
- 에스프레소 1샷(30ml)
- 우유 170ml
- 생크림 적당량
- 캐러멜 소스 적당량

만드는 법 *Cooking Method*

1 재료를 분량에 맞게 계량한다.

2 생크림을 60% 정도로 휘핑하여 점도를 맞춘다.

3 컵에 캐러멜시럽을 부어준다.

4 컵에 얼음을 넣어준다.

5 에스프레소를 부어준다.

6 휘핑한 생크림을 올려준다.

7 캐러멜 소스를 보기 좋게 뿌려 완성한다.

쑥라테
Mugwort Latte

재료 *Material*

- 쑥가루 50g
- 설탕 30g
- 따뜻한 물 30ml
- 우유 200ml
- 생크림 80ml
- 쑥가루 적당량
- 볶은 콩가루 적당량

만드는 법 *Cooking Method*

1 재료를 분량에 맞게 계량한다.

2 생크림을 60% 정도로 휘핑하여 점도를 맞춘다.

3 따뜻한 물에 쑥가루, 설탕을 넣고 잘 섞어준다.

4 컵에 얼음을 넣어준다.

5 우유를 부어준다.

6 쑥가루 물을 부어준다.

7 휘핑한 생크림을 올려준다.

8 쑥가루 또는 볶은 콩가루를 뿌려 보기 좋게 완성한다.

샷 바나나 라테
Shot Banana Latte

재료 *Material*

- 바나나우유 1개
- 에스프레소 1샷(30ml)
- 밀크폼 적당량
- 얼음 적당량
- 허브 적당량
- 식용꽃 적당량

만드는 법 *Cooking Method*

1 재료를 분량에 맞게 계량한다.

2 컵에 얼음을 넣어준다.

3 바나나우유를 부어준다.

4 에스프레소를 부어준다.

5 밀크폼을 가득 부어준다.

6 식용꽃이나 허브로 보기 좋게 장식하여 완성한다.

샷 말차 라테
Shot Matcha Latte

재료 *Material*

- 말차가루 5g
- 설탕 20g
- 우유 150ml

- 에스프레소 1샷(30ml)
- 생크림 40g
- 따뜻한 물 20ml

만드는 법 *Cooking Method*

1 재료를 분량에 맞게 계량한다.

2 생크림을 60% 정도로 휘핑하여 점도를 맞춘다

3 따뜻한 물에 말차가루와 설탕을 넣고 잘 섞어준다.

4 컵에 얼음을 넣어준다.

5 말차가루 물을 부어준다.

6 우유를 부어준다.

7 에스프레소를 부어 완성한다.

미숫 페너
Mineral Fenner

재료*Material*

- 미숫가루 45g
- 우유 150ml
- 생크림 80g
- 설탕 30g
- 따뜻한 물 30ml
- 볶은 콩가루 적당량

만드는 법*Cooking Method*

1 재료를 분량에 맞게 계량한다.

2 생크림을 60% 정도로 휘핑하여 점도를 맞춘다.

3 따뜻한 물에 미숫가루와 설탕을 넣고 잘 섞어준다.

4 미숫가루 녹인 물과 우유를 넣고 잘 섞어준다.

5 컵에 얼음을 넣어준다.

6 얼음이 담긴 컵에 ④를 부어준다.

7 생크림을 올려준다.

8 볶은 콩가루를 뿌려 보기 좋게 완성한다.

아인슈페너
Einspänner

재료_Material_

- 물 100ml
- 에스프레소 1샷(30ml)
- 생크림 80g
- 코코아파우더 적당량

만드는 법_Cooking Method_

1 재료를 분량에 맞게 계량한다.

2 생크림을 60% 정도로 휘핑하여 점도를 맞춘다.

3 컵에 에스프레소를 부어준다.

4 휘핑한 생크림을 올려준다.

5 코코아파우더를 뿌려 보기 좋게 완성한다.

오레 그랏세
Au Lait Glace

재료*Material*

- 우유 150ml
- 연유 20ml

- 에스프레소 1샷(30ml)

만드는 법*Cooking Method*

1 재료를 분량에 맞게 계량한다.

2 우유에 연유를 섞어준다.

3 컵에 ②를 부어준다.

4 에스프레소를 흐르듯이 부어준다.

5 우유와 에스프레소가 섞이지 않게 부어 완성한다.

망고 판나코타
Mango Panna Cotta

재료 *Material*

- 가루젤라틴 10g
- 물 12g
- 우유 250g
- 생크림 200g
- 설탕 65g
- 바닐라 익스트랙 3방울
- 용과 적당량
- 망고 적당량
- 허브 적당량

망고 퓌레 재료

- 망고 1개
- 설탕 25g
- 레몬즙 1/2T

만드는 법 *Cooking Method*

1 재료를 분량에 맞게 계량한다.

2 냄비에 우유, 생크림, 설탕, 바닐라 익스트랙을 넣고 끓어 오르면 불을 꺼준다.

3 가루젤라틴은 물에 넣어 10분간 불린 뒤 ②에 넣어 섞 어준다.

4 젤라틴이 녹으면 식혀둔다.

5 식혀둔 젤라틴은 컵의 2/3 지점까지 부어준다.

6 냉장실에서 30분 정도 굳혀준다.

7 믹서에 망고를 넣고 갈아준다.

8 냄비에 간 망고, 설탕, 레몬즙을 넣고 약불로 10분간 되 직한 농도가 되게 끓여준다.

9 끓여준 망고 퓌레는 식혀준다.

10 냉장실에서 식혀둔 젤라틴 위에 망고 퓌레를 올려준다.

11 용과, 망고, 허브를 이용하여 보기 좋게 장식하여 완성 한다.

달콤한 브런치 창업

딸기 판나코타
Strawberry Panna Cotta

재료 *Material*

- 가루젤라틴 10g
- 물 12g
- 우유 250g
- 생크림 200g
- 설탕 65g
- 바닐라 익스트랙 2~3방울
- 딸기 적당량
- 허브 적당량

딸기 퓌레 재료
- 딸기 8개
- 설탕 30g
- 레몬즙 1/2T

만드는 법 *Cooking Method*

1 재료를 분량에 맞게 계량한다.

2 냄비에 우유, 생크림, 설탕, 바닐라 익스트랙을 넣고 끓어 오르면 불을 꺼준다.

3 가루젤라틴은 물을 넣어 10분간 불린 뒤 ②에 넣어 섞 어준다.

4 젤라틴이 녹으면 식혀둔다.

5 식혀둔 젤라틴은 컵에 2/3지점까지 부어준다.

6 냉장실에서 30분 정도 굳혀준다.

7 믹서에 딸기를 넣고 갈아준다.

8 냄비에 간 딸기, 설탕, 레몬즙을 넣고 약불로 10분간 되 직한 농도가 되게 끓여준다.

9 끓여준 딸기 퓌레는 식혀준다.

10 냉장실에서 식혀둔 젤라틴 위에 딸기 퓌레를 올려준다.

11 딸기, 허브를 이용하여 보기 좋게 장식하여 완성한다.

모히토 에이드
Mojito Ade

재료*Material*

- 라임 1개
- 애플민트 2줄기
- 시럽 15ml

- 탄산수 적당량
- 라임 슬라이스 1조각
- 민트 적당량

만드는 법*Cooking Method*

1 재료를 분량에 맞게 계량한다.

2 믹서기에 라임, 애플민트, 시럽을 넣고 갈아준다.

3 컵에 갈아준 라임을 부어준다.

4 컵에 얼음을 넣어준다.

5 라임 슬라이스와 민트를 보기 좋게 넣어준다.

6 탄산수를 부어 완성한다.

달콤한 브런치 창업

복숭아 에이드
Peach Ade

재료 *Material*

- 복숭아청 65g
- 탄산수 적당량
- 얼음 적당량
- 허브 적당량

만드는 법 *Cooking Method*

1 재료를 분량에 맞게 계량한다.
2 컵에 복숭아청을 부어준다.
3 컵에 얼음을 넣어준다.
4 얼음 사이에 허브를 보기 좋게 넣어준다.
5 탄산수를 부어 완성한다.

 TIP

복숭아청 만들기

재료 : 복숭아 300g, 흰 설탕 300g, 레몬즙 2T, 베이킹소다 적당량, 유리병 1개

1. 재료를 분량에 맞게 준비한다.
2. 유리병은 열탕소독하여 자연 건조한다.
3. 복숭아는 깨끗하게 세척하여 베이킹소다를 넣고 헹군 뒤 물기를 제거하고 얇게 자른다.
4. 복숭아는 껍질과 씨를 제거하고 0.5×0.5cm 크기로 잘라준다.
5. 믹싱볼에 복숭아, 설탕, 레몬즙을 넣고 잘 섞어준다.
6. 설탕이 녹으면 유리병에 담고 뚜껑을 꼭 닫아준다.
7. 유리병에 담아 하루 실온 숙성 후 냉장 보관한다.

블루 레모네이드
Blue Lemonade

재료 *Material*

- 블루 퀴라소시럽 15g
- 레몬청 40g
- 레몬 슬라이스 1개
- 허브 적당량
- 탄산수 적당량
- 얼음 적당량

만드는 법 *Cooking Method*

1 재료를 분량에 맞게 계량한다.

2 컵에 블루 퀴라소시럽을 부어준다.

3 컵에 얼음을 넣어준다.

4 컵에 레몬청을 부어준다.

5 레몬 슬라이스와 허브를 보기 좋게 넣어준다.

6 탄산수를 부어 완성한다.

TIP

레몬청 만들기

재료 : 레몬 4개 , 흰 설탕 400g, 베이킹소다 적당량, 유리병 1개

1. 재료를 분량에 맞게 준비한다.

2. 유리병은 열탕 소독하여 자연 건조한다.

3. 레몬에 베이킹소다를 넣어 물에 10분 정도 담가둔다.

4. 깨끗하게 세척하여 물기를 제거한다.

5. 레몬씨를 제거하고 0.5×0.5cm 크기로 잘라준다.

6. 믹싱볼에 레몬, 설탕을 넣어 잘 섞어준다.

7. 설탕이 녹으면 유리병에 담고 뚜껑을 꼭 닫아준다.

8. 유리병에 담아 하루 실온 숙성 후 냉장 보관한다.

딸기 에이드
Strawberry Ade

재료 *Material*

- 딸기청 50g
- 탄산수 적당량
- 딸기 슬라이스 적당량
- 얼음 적당량
- 허브 적당량

만드는 법 *Cooking Method*

1 재료를 분량에 맞게 계량한다.

2 컵에 딸기청을 부어준다.

3 컵에 얼음을 넣어준다.

4 딸기 슬라이스와 허브를 보기 좋게 넣어준다.

5 탄산수를 부어 완성한다.

TIP

딸기청 만들기

재료 : 딸기 500g, 흰 설탕 400g, 레몬즙 2T, 유리병 1개

1. 재료를 분량에 맞게 준비한다.

2. 유리병은 열탕 소독하여 자연 건조한다.

3. 딸기는 깨끗하게 세척하여 식초물에 헹궈 물기를 제거하고 얇게 자른다.

4. 믹싱볼에 딸기, 설탕, 레몬즙을 넣어 잘 섞어준다.

5. 설탕이 녹으면 유리병에 담고 뚜껑을 꼭 닫아준다.

6. 유리병에 담아 하루 실온 숙성 후 냉장 보관한다.

자몽 에이드
Grapefruit Ade

재료 *Material*

- 자몽청 50g
- 탄산수 적당량
- 자몽 슬라이스 1조각
- 얼음 적당량
- 허브 적당량

만드는 법 *Cooking Method*

1 재료를 분량에 맞게 계량한다.

2 컵에 자몽청을 부어준다.

3 컵에 얼음을 넣어준다.

4 허브와 자몽 슬라이스를 보기 좋게 넣어준다.

5 탄산수를 부어 허브를 올려 완성한다.

TIP

자몽청 만들기

재료 : 자몽 3개, 꿀 200g, 설탕 200g, 베이킹소다 적당량, 유리병 1개

1. 재료를 분량에 맞게 준비한다.

2. 유리병은 열탕 소독하여 자연 건조한다.

3. 자몽은 베이킹소다를 이용해 깨끗이 씻어준다.

4. 자몽은 껍질을 제거하고 과육만 준비한다.

5. 믹싱볼에 자몽, 설탕, 꿀을 넣어 잘 섞어준다.

6. 설탕이 녹으면 유리병에 담고 뚜껑을 꼭 닫아준다.

7. 유리병에 담아 하루 실온 숙성 후 냉장 보관한다.

버터플라이피 에이드
Butterfly Pea Ade

재료 *Material*

- 레몬청 50g
- 버터플라이피 3~4잎
- 설탕 15g
- 따뜻한 물 20ml

- 탄산수 적당량
- 레몬 슬라이스 1조각
- 허브 적당량

만드는 법 *Cooking Method*

1 재료를 분량에 맞게 계량한다.

2 따뜻한 물에 버터플라이피를 넣고 10분간 우려준다.

3 버터플라이피물에 설탕을 넣고 섞어준다.

4 컵에 레몬청을 부어준다.

5 컵에 얼음을 넣어준다.

6 탄산수를 부어준다.

7 컵 옆면으로 레몬 슬라이스를 넣어준다.

8 버터플라이피물을 부어 완성한다.

9 허브를 이용하여 보기 좋게 장식하여 완성한다.

히비스커스 레모네이드
Hibiscus Lemonade

재료 *Material*

- 히비스커스 5잎
- 뜨거운 물 20ml
- 설탕 20g
- 레몬청 50g
- 레몬 슬라이스 1조각
- 허브 적당량

만드는 법 *Cooking Method*

1 재료를 분량에 맞게 계량한다.

2 따뜻한 물에 히비스커스를 넣고 10분간 우려준다.

3 히비스커스물에 설탕을 넣고 섞어준다.

4 컵에 레몬청을 부어준다.

5 컵에 얼음을 넣어준다.

6 탄산수를 부어준다.

7 컵 옆면으로 레몬 슬라이스를 넣어준다.

8 히비스커스물을 부어준다.

9 허브를 이용하여 보기 좋게 장식하여 완성한다.

패션프루츠 망고 에이드
Passion Fruit Mango Ade

재료 *Material*

- 망고청 30g
- 패션프루츠청(백향과) 30g
- 탄산수 적당량
- 얼음 적당량
- 허브 적당량

만드는 법 *Cooking Method*

1 재료를 분량에 맞게 계량한다.

2 컵에 패션프루츠청을 넣어준다.

3 컵에 얼음을 넣어준다.

4 탄산수를 부어준다.

5 망고청을 부어준다.

6 허브를 이용하여 보기 좋게 장식하여 완성한다.

TIP

패션프루츠청 만들기

재료 : 패션프루츠(백향과) 1kg, 흰 설탕 500g, 레몬즙 2T, 유리병 1개

1. 재료를 분량에 맞게 준비한다.

2. 유리병은 열탕 소독하여 자연 건조한다.

3. 패션프루츠는 깨끗하게 세척하여 식초물에 헹궈 물기를 제거한다.

4. 패션프루츠는 잘라 속을 꺼내준다.

5. 믹싱볼에 패션프루츠, 설탕, 레몬즙을 넣어 잘 섞어준다.

6. 설탕이 녹으면 유리병에 담고 뚜껑을 꼭 닫아준다.

7. 유리병에 담아 하루 실온 숙성 후 냉장 보관한다.

블루베리 히비스커스 에이드
Blueberry Hibiscus Ade

재료*Material*

- 히비스커스 5잎
- 따뜻한 물 20ml
- 블루베리청 50g
- 탄산수 적당량
- 허브 적당량

만드는 법*Cooking Method*

1 재료를 분량에 맞게 계량한다.

2 따뜻한 물에 히비스커스를 넣고 10분간 우려준다.

3 컵에 블루베리청을 부어준다.

4 컵에 얼음을 넣어준다.

5 탄산수를 부어준다.

6 히비스커스물을 부어준다.

7 허브를 이용하여 보기 좋게 장식하여 완성한다.

TIP ✓

블루베리청 만들기

재료 : 블루베리 300g, 흰 설탕 300g, 레몬즙 2T, 식초 적당량, 유리병 1개

1. 재료를 분량에 맞게 준비한다.
2. 유리병은 열탕 소독하여 자연 건조한다.
3. 블루베리는 깨끗하게 세척하여 식초물에 헹궈 물기를 제거하고 얇게 자른다.
4. 믹싱볼에 블루베리, 설탕, 레몬즙을 넣어 잘 섞어준다.
5. 설탕이 녹으면 유리병에 담고 뚜껑을 꼭 닫아준다.
6. 유리병에 담아 하루 실온 숙성 후 냉장 보관한다.

블루베리 요구르트 스무디
Blueberry Yoghurt Smoothie

재료 *Material*

- 블루베리 100g
- 우유 100g
- 얼음 10개
- 꿀 20g
- 플레인 요구르트 1통
- 블루베리 적당량
- 허브 적당량

만드는 법 *Cooking Method*

1 재료를 분량에 맞게 계량한다.

2 믹서기에 블루베리, 우유, 얼음, 꿀을 넣어 스무디를 만들어준다.

3 컵에 블루베리 스무디를 부어준다.

4 플레인 요구르트를 올려준다.

5 블루베리, 허브를 이용하여 보기 좋게 장식하여 완성한다.

망고 요구르트 스무디
Mango Yoghurt Smoothie

재료 *Material*

- 망고 100g
- 우유 100g
- 얼음 10개
- 꿀 20g
- 플레인 요구르트 1통
- 허브 적당량

만드는 법 *Cooking Method*

1 재료를 분량에 맞게 계량한다.

2 믹서기에 망고, 우유, 얼음, 꿀을 넣어 스무디를 만들어 준다.

3 컵에 망고 스무디를 부어준다.

4 플레인 요구르트를 올려준다.

5 망고, 허브를 이용하여 보기 좋게 장식하여 완성한다.

모카초코칩 프라푸치노
Mocha Chocochip Frappuccino

재료 *Material*

- 초코칩 10g
- 초코시럽 15g
- 에스프레소 1샷
- 우유 150ml

- 연유 10g
- 아이스크림 1스쿠프
- 생크림 적당량
- 초코시럽 적당량

만드는 법 *Cooking Method*

1 재료를 분량에 맞게 계량한다.

2 생크림은 90% 정도 뿔이 설 정도로 휘핑해 준다.

3 믹서기에 초코칩, 초코시럽, 에스프레소, 우유, 연유, 아이스크림을 넣고 갈아준다.

4 컵에 갈아준 ③을 넣어준다.

오레오 프라푸치노
Oreo Frappuccino

재료 *Material*

- 오레오 15g
- 초코칩 10g
- 에스프레소 1샷
- 우유 150ml
- 연유 10g
- 아이스크림 1스쿠프
- 생크림 적당량
- 초코시럽 적당량

만드는 법 *Cooking Method*

1 재료를 분량에 맞게 계량한다.

2 생크림은 90% 정도 뿔이 설 정도로 휘핑해 준다.

3 믹서기에 오레오, 초코칩, 에스프레소, 우유, 연유, 아이스크림을 넣고 갈아준다.

4 컵에 갈아준 ③을 넣어준다.

5 짤주머니에 깍지를 끼운 뒤 휘핑한 생크림을 넣어 준다.

6 컵에 생크림을 가득 채워 짜준다.

7 오레오, 초코칩을 이용하여 보기 좋게 장식하여 완성한다.

달콤한 브런치 창업

녹차 프라푸치노
Green Tea Frappuccino

재료 *Material*

- 녹차가루 7g
- 설탕 15g
- 따뜻한 물 20ml
- 연유 20g
- 얼음 10개
- 우유 150ml
- 생크림 적당량
- 녹차가루 적당량

만드는 법 *Cooking Method*

1 재료를 분량에 맞게 계량한다.

2 생크림은 90% 정도 뿔이 설 정도로 휘핑해 준다.

3 따뜻한 물에 녹차가루와 설탕을 넣어 섞어준다.

4 믹서기에 녹차설탕물, 연유, 얼음, 우유를 넣고 갈 아준다.

5 컵에 갈아준 ④를 부어준다.

6 짤주머니에 깍지를 끼운 뒤 휘핑한 생크림을 넣어 준다.

7 컵에 생크림을 가득 채워 짜준다.

8 녹차가루를 보기 좋게 뿌려 완성한다.

참고문헌

○ 고품격 한과 음청류/정재홍 외 8인/형설출판사(2003)

○ 그린테이블의 샌드위치수업/김윤정/비타북스(2016)

○ 네이버지식백과(두산백과, 음식백과)

○ 당신의 카페를 빛낼 맛있는 커피레시피/ 한국커피산업진흥연구원 저/ 아이비라인(2013)

○ 무허가 홈카페/전예량/비타북스(2018)

○ 브런치-One Plate 밴쿠버 가정식(개정판)/정성숙/라임북스(2018)

○ 쉐이크쉑의 레시피와 스토리/랜디 가루티/그린쿡(2018)

○ 시크릿 레시피/정홍연/비앤씨월드(2014)

○ 식품과 조리원리/이주희 외 7인/(주)교문사(2014)

○ 에브리데이 샐러드 & 샌드위치/홍신애/그리고책(2013)

○ 외식산업 창업과 경영/함동철 외 1인/백산출판사(2018)

○ 일본요리/김종금 외 5인/지구문화사(2013)

○ 전문 조리인을 위한 초밥의 기술 74가지/정우석/백산출판사(2011)

○ 전통초밥요리/김원일/형설출판사(1995)

○ 제과제빵&샌드위치와 브런치카페/김영복 외 3인/백산출판사(2012)

○ 제과제빵실기/정인창 외 4인/훈민사(2015)

○ 조리용어사전(보급판)/정혜정/효일출판사(2013)

○ 창업을 위한 카페브런치 & 이태리요리전문가/(사)한국식음료외식조리교육협회/백산출판사(2019)

○ 카페시그니처 메뉴101(세상의 커피음료 그리고디저트)/신송이/수작걸다(2019)

○ 파니니와 오픈샌드위치/아사모토 마코토/윌스타일(2015)

○ 한국음식의 조리과학성/안명수/신광출판사(2000)

○ 한국의 전통병과/정길자 외 4인/교문사(2010)

○ 한식디저트(떡, 한과, 음청류)/김수인/파워북(2015)

○ 한식디저트의 미학/최은희 외 3인/백산출판사(2019)

저자와의
합의하에
인지첩부
생략

달콤한 브런치 창업

2020년 9월 20일 초판 1쇄 발행
2022년 1월 10일 초판 2쇄 발행

지은이 황은경 · 김성연 · 우경아 · 이윤서 · 정정여 · 정희복
펴낸이 진욱상
펴낸곳 (주)백산출판사
교　정 성인숙
본문디자인 신화정
표지디자인 오정은

등　록 2017년 5월 29일 제406-2017-000058호
주　소 경기도 파주시 회동길 370(백산빌딩 3층)
전　화 02-914-1621(代)
팩　스 031-955-9911
이메일 edit@ibaeksan.kr
홈페이지 www.ibaeksan.kr

ISBN 979-11-6567-133-4　13590
값 20,000원